KB145638

냉면의 품격

냉면의 품격

맛의 원리로 안내하는
동시대 평양냉면 가이드

이용재 지음

반비

사소한 질문을 공격적인 화살이라 생각하고, 나름의 속마음을 천편일률적인 비아냥거림이라고 분노하는. 이를테면 방어력만 만땅인 시대에 비평을, 그것도 누구나 즐길 수 있고, 누구나 향유하고 있는 대중적인 대상을 비평한다는 것은 어려운 일이라고 생각한다. 타인의 의견에 대한 궁금함이 사라진 시대, 혹은 대중적인 것을 전문적인 문장으로 전환해내는 것을 권력이라고 오해하는 시대.『한식의 품격』의 작가 이용재가 직면한 세상은 이렇게 자신의 의견이 순환되는 것이 아니라, 일방으로 전달되고 감정 섞인 실드로 응답받는 곳일지도 모른다. 그럼에도 불구하고 비평은 가장 대중적인 어떤 곳에서 필요로 하는 '문장'이라고 나는 믿는다. 모두가 너무 쉽게 각자의 의견을 갖게 되는 시대에, 바로 지금 상상하고 사유해야 할 지점을, 상대방이 재수 없어 하고 귀찮아하더라도 설파해야 하는 의무를 갖는 직업. 그래서 나는 다양한 비평의 글들을 사랑한다. 내가 흠모한 어떤 생산물을 가차 없이 분석한 글을 볼 때 나는 궁금해진다. 우리의 차이는 어디에서 갈라진 것일까? 그 궁금함이 계속 글을 읽게 만들고, 또한 내가 어떤 생산물을 만드는 순간 더욱 숙고하게 만드는 기쁨을 준다.

이번엔 평양냉면이다. 평양냉면은 마치 신흥종교처럼 예식의 순서와 흡수의 과정에 대한 판타지로 가득한 음식이다. 내 생각엔 그냥 호불호가 명백할 게 뻔한 음식이지만, 언제부턴가 시대의 새로움을 관통하는 음식인 듯 존재 자체가 과대평가되거나 경멸의 대상이 되었다. 쌀이 부족한 지역에서 탄수화물 섭취원으로 삼았던 메밀은 부족한 영양분으로 인해 단백질과 결합했고, 그 단백질(고기!)을 만드는 과정에서 만들어진 육수와 만났고, 나아가 감칠맛에 대한 갈증이 담긴 북쪽 지방 특유의 쩡한 동치미와 만났다. 그렇게 단순한 음식이었다. 개인적으로 나는 평양냉면이 그냥 어떤 풍습에 의해 진화한 엷은 맛의 차가운 국수로 다시 땅을 밟는 음식이 되길 바란다. 그리고 그 시작은 익숙함을 다시 분열시키고 정돈해보는 비평일 것이라고 믿는다. 당신이 평양냉면을 사랑하든, 혹은 맹맹한 국수 따위 절대 안 먹는다고 주장하든 이 책은 그사이를 관통하며 당신에게 정교한 맛보기의 즐거움을 선사해줄 것이라고 생각한다. ─변영주(영화감독)

단골 냉면집부터 찾아봤다. 총점 별 세 개. 나쁘지 않군! 유명세에 비해 실망스러웠던 그곳은, 별 하나 반. 역시! 익숙한 상호를 찾아 정신없이 넘기다가 차츰 표현 하나하나를 음미하듯 읽게 됐다. 작품에 대한 길잡이를 넘어 그 자체로 감동적인 평론이 있다. 음식과 식당에 대한 정보를 얻기 위해 펼쳤는데 생생하고 흥미진진한 서른한 편의 이야기를 만났다. ─조남주(소설가)

'평냉'의 이데아

"2018년이 아직 절반 가까이 남았지만 올해의 인상은 이미 정해진 듯 보인다. '큰 변화의 해'라고 말이다⋯⋯."라고 썼다가 몇 번이고 고쳐야만 했다. 책을 쓰는 동안 남북한을 둘러싼 정세(라기보다는 분위기)의 부침 탓이었다. 일간지 국제부 기자도 아닌데 변화하는 상황에 따라 다른 분위기의 여는 글을 몇 편 써두면서 이게 뭔가, 싶었다. 나는 그저 냉면, 평양냉면에 대해 이야기하려는 것뿐인데. 어떤 일이 벌어지든 여름이 코앞이고, 우리는 냉면을 열심히 먹지 않겠는가? 그것이면 충분하다.

이 글을 마치고 책이 나오기까지 어떤 일이 벌어지더라도 2018년은 '진짜' 평양냉면의 실체가 많은 이들에게 가까워진 해로 기억될 것이다. 물론 평양, 혹은 좀 더 넓게 잡아 북한 냉면의 정체가 아예 베일에 싸여 있었던 것은 아니다. 북한에서 직접 먹어본 극소수가 존재하고, 북한과 수교를 맺은 중국 및 아시아 국가의 음식점에서 먹어본 이들도 있다. 다만 2018년처럼 공식적인 경로를 통해 평양냉면이 부각된 경우는 처음이었으니, 지난 몇 년 동안 평양냉면이 쌓아온 컬트적 인기와 맞물려 시너지 효과를 자아냈다. 그리고 한편으로는 궁극적인 질문을 소환했다. 남한의 평양냉면은 가짜인가?

당연히 의견이 갈리겠지만 나는 아니라고 본다. 두 가지 이유를 들 수 있다. 첫째, 남한에 평양냉면을 전파한 실향민은 어느 시점에서 고정된 음식의 상을, 조금 과장되게 표현하면 '원형'을 가지고 있을 가능성이 높다. 마치 두고 온 고향의 이미지를 그대로 품고 평생을 사는 것처럼 말이다. 이러한 원형이 사회 및 기술의 발전, 즉 '가스-전기-스테인리스' 삼각편대의 지원에 힘입어 현대적으로 발달해 지금의 평양냉면으로 자리 잡았을 가능성을 고민해볼 필요가 있다. 거기에 일본에서 개발되어 들어온 화학조미료가 평양냉면 특유의 '맑지만 감칠맛 분명한 국물'의 정체성을 확립하는 데 일조했을 것이다.

두 번째로는 '진짜'의 본거지인 북한의 사정이다. 과연 북한의 형편이 특정 음식의 비전을 형성 및 발전시킬 정도로 넉넉한가? 음식 문화의 발전은 사회의 발전과 맞물려 있다. 한마디로 먹고살 만해야 '잉여'라고 할 수 있는 음식 문화도 여유를 품고 발전할 수 있다. 북한보다 경제력이 마흔여덟 배 앞서는 한국도 실상 여전히 '질보다 양'의 식문화를 떨쳐버리지 못하고 있으며, 그 탓에 다른 라이프스타일의 도입이 선행되어야 할 고급 외식 분야는 (2016년 미슐랭 가이드 출범과 더불어 형성된 일부의 믿음과 달리) 뿌리를 내리지 못하고 있는 현실이다. 한마디로 '가난한 원형이 어느 정도의 권위를 확보할 수 있느냐'에 대한 물음인데, 이는 아마도 한국인 모두가 평양 옥류관을 자유롭게 오갈 수 있는 상황이 될 때까지 유보해야 할 논의일 것이다.

현재로서는 음식의 정체성을 점으로 묶어 제한하기보다(이 경우 '점=평양'), 같은 이름으로 별개의 세계가 존재한다고 보는 편이 훨씬 더 자연스럽지 않을까. 그러므로 모두에게 공평하게 옥류관 냉면 한 사발씩의 기회가 돌아올 때까지 일단 한국의 평양냉면을 정리해보는 건 어떨까? 바로 그러한 의도에서 『냉면의 품격』을 기획했다. 언제나 그렇듯 이러한 정리는 중의적인 의미에서 대상을 '좌표에 올려놓는' 작업이다. 기본적으로는 은유적인 좌표, 즉 비평적인 좌표의 설정이 선행한다. 한식, 그리고 평양냉면은 어느 비평적인 좌표에 자리를 잡을 수 있을까?

나는 한식의 문법 가운데 평양냉면이 지닌 비평적 잠재성을 드러내는 작업의 일환으로, 지난 6~7년 동안 평양냉면 전문점 리뷰를 꾸준히 써왔다. 홈페이지에 단일 음식으로는 가장 많은 글을 올려왔고, 이를 2015년 8월 《올리브 매거진》에 기고한 '레스토랑 리뷰' 기사로 정리했다. 원래는 개별 레스토랑을 평가하는 지면이지만 여름과 겨울에 각 1회씩 음식을 옴니버스로 리뷰하는 일종의 특집에 평양냉면을 처음 등장시킨 것이다. 그리고 그간의 경험을 한데 아울러 전작 『한식의 품격』에서는 평양냉면을 '한식의 거울'로 규정해 분석했다. 『냉면의 품격』은 지금까지 작업의 연장선상에 있는 일종의 결산 작업이다.

한편 이 과정에서 실제적인 좌표, 즉 지리적인 좌표 역시 포함시켜 일종의 가이드북 역할도 부여했다. 본격적인 여름, 평양냉면을 찾아 나선 발걸음이 조금이라도 덜 무거웠으면 좋겠다는 바람도 아울러 담은 것이다.

그렇다면 이다지도 평양냉면에 주목하는 이유는 무엇인가.

전작『한식의 품격』에서 이미 상세히 다룬 바 있으니 최대한 동어반복을 피하는 수준에서, 또한 이 책에서 필요한 사항만 간추리자면 다음과 같다.

- 기원(이북)과 현실(분단), 그리고 정체성과 조리(즉석 제면이 필수적인 메밀 면)가 맞물려 가정식과 외식의 경계가 모호한 한식에서 '밖에서만 먹을 수 있는 음식'이라는 독특한 입지를 점유한다. 즉 드물게 희소성을 누리는 한식이다.
- 그런 입지 탓에 한식 가운데 단일 품목으로서는 가장 높은 가격대가 형성되어 있으니 '서민 음식'과 '가성비'에 대한 논쟁을 유발한다.
- 한편 가격과 입지가 맞물려 접객과 서비스 면에서 거의 대부분 선도적인 역할을 맡는다. 일정 수준 이상의 여건을 갖추고 있다는 말이다.
- 고기를 바탕 삼은 맑은 국물로 화학조미료의 의미에 대한 관심과 주의를 환기시킨다.
- 조리법부터 접객까지, 다양한 주제를 대상으로 한식의 현대화를 논의할 수 있다.

지금까지 쌓아온 비평 작업을 토대로 서울 몇 경기 지방의 본격적인 평양냉면 식당 서른한 군데를 다음과 같이 분류 및 평가했다. 일단 분류의 기준은 세월이다. '태초에 네 곳의 평냉집이 있었으니……'라는 표현까지는 좀 억지스럽지만 이들이 뿌리 역할을 하는 것만은 확실하다. 그래서 '공인된 노포'를 한 무리로, 거기에서 뻗어 나온 가지 또는 별도로 오랜 기간 냉면을 말아온 곳을 또 다른 무리로 분류했다. 거기에 비교적 최근, 즉 2000년대와 2010년대에 평양냉면의 인기를 업고 등장한 후발 주자와, 느슨하게 평양냉면을 표방하거나 정체성을 공유하는 곳을 각각 별도의 무리로 분류했다. 요컨대 평양냉면의 '계보'를 존중했다.

한편 평가는 평양냉면을 이루는 각각의 요소를 먼저 살펴본 뒤, 그 요소들의 관계와 합을 헤아리는 방식으로 진행했다.

1. 면: 메밀의 함유량이 높을수록 우수한 평양냉면이라고 말할 수 있을까? 메밀이 지닌 특성을 감안하면 그렇다. 그동안 가공성에 대해서는 많이 이야기해왔다. 메밀은 일반 밀처럼 탄성을 불어넣는 단백질 글루텐이 없고, 따라서 면의 선가공이 어려워 자가제면에 기댈 수밖에 없다. 게다가 주식으로 삼을 만큼 배를 불려주는 곡물도 아니고 밀에 비해 생산성도 떨어진다. 말하

자면 메밀은 별미로나 먹는 곡식인데, 다행스럽게도 특유의 맛은 일정 수준 지니고 있어 명맥을 이어왔다.(노파심에 첨언하자면 '특유의 메밀향'은 다소 과장되었다. 메밀이 그만큼의 향을 지니지도 않지만 향이 두드러질 만큼 메밀의 비율이 높은 곳도 많지 않다.)

이 모두를 고려할 때, 메밀의 함유량이 높은 면을 더 높이 평가하는 건 당연한 일이다. 힘없이 '툭툭' 끊어지는 면이 평양냉면의 핵심 특성이라는 공감대가 형성되어 있는데, 이 책에서 다루는 서른한 군데 식당 가운데 그만큼 부드러운 면을 내놓는 곳은 절반 정도이다. 메밀만으로는 반죽에 힘이 없으니 흔히 전분과 7 대 3, 계절에 따라 8 대 2의 비율로 섞는다는 이야기가 있지만, 실제로 전분으로 인한 저항이 그보다 더 높게 느껴지는 곳이 많다.

참고로 평양의 평양냉면도 면으로 인한 정체성의 위기를 겪고 있다. 최근 옥류관의 평양냉면이 부각되면서 자신만의 냉면을 개발한 셰프이자 저자인 박찬일이 평양냉면에 대한 분석 기사를 썼다.* 짙은 갈색이다 못해 검은색에 가까운 면은 일단 눈으로도 높은 메밀 함유량과는 거리가 멀어 보이는데, 1990년대 '고

---

* 박찬일, 「희끄무레 않고 거무스름 달라진 원조 평양냉면… '옥류관'에 무슨 일이?」, 《중앙일보》(2018.5.19), http://news.joins.com/article/22637382.

난의 행군' 시기를 거치며 흉작 탓에 메밀의 비율이 떨어졌다는 설명이다. 한편 그도 현재 서울의 평양냉면이 오히려 원형에 가까울 수 있다는 결론을 내린다.

2. 국물: 짠맛과 감칠맛의 균형을 가장 중요하게 평가했다. 어떤 국물도 짠맛만으로는 한 그릇을 비울 수 있을 만큼의 맛을 이끌어낼 수 없다. 게다가 기본적으로 신맛을 품고 있지 않다는 점까지 감안하면 감칠맛의 역할이 중요하다. 하지만 차가운 국물은 뜨거운 고기 국물처럼 진하게 끓여 감칠맛을 불어넣기도 쉽지 않다. 그래서 답은…… 아마도 화학조미료가 될 것이다. 육안으로 확인이 어려운 재료의 맛만을 머금고 있는 국물은 면보다도 추측이 어려운 요소이지만 감칠맛의 여운이나 표정 등을 최대한 감안했다.

기술적인 맛으로서 깔끔함을 긍정적으로 평가했다. 그리고 단맛을 최대한 배제한 쪽에 더 높은 점수를 주었다. 사실 단맛은 감칠맛과 떼어놓고 생각할 수 없지만, 평양냉면의 국물에서는 종종 불쾌한 맛의 꼬리를 끊으려는 용도로 설탕보다 단맛이 덜한 당류를 쓰는 경우가 있다. 한편 온도는 다소 상대적인 요소로 보아 맛과의 관계 및 균형을 살폈다. 깔끔하지 못한, 즉 감칠맛이 지나가고 잡맛이 많이 드러나는 국물이라면 온도가 높을수록 불쾌해진다.

3. 고명과 반찬: 면과 국물이 80퍼센트 이상을 좌우하지만, 고명 없이 냉면은 완성되지 않는다. 맛도 맛이지만 질감의 다양성을 책임지기 때문에 이에 맞춰 평가했다. 대체로 채소 고명은 양호하지만 국물의 부산물인 고기가 퍽퍽하거나 질긴 경우가 많았다. 반찬은 고명의 연장선상에서 살펴보았다. 고명이 제 역할을 웬만큼 한다면 반찬이 크게 필요하지 않다.

4. 접객과 환경: 총평은 위의 세 가지 요소, 즉 음식을 위주로 내렸지만 참고를 위한 별개의 항목으로 다루었다. 냉면이 너무 맛있지만 식당의 접객이나 환경이 안 좋아서 가기 꺼려지거나, 아니면 반대로 접객이나 환경이 너무 좋지만 냉면이 맛이 없어 못 가는 곳은 없다. 냉면이 맛있는 곳은 접객이나 환경도 대체로 양호하며, 냉면이 맛없는 곳은 접객도 환경도 열악하다. 다만 이는 상대평가임을 미리 밝힌다. 한국 요식업의 접객과 환경은 아직도 개선해야 할 점이 많아 보이므로, 절대적인 기준을 적용하지 않고 평가한 음식점들 사이의 우열을 수치화했다. 사발 한 개씩을 더 주었다고 보면 얼추 계산이 맞을 것이다.

후보로 삼았던 40여 군데 가게 중 서른한 군데를 간추려 담았다. 음식 자체의 완성도가 너무 떨어져 평가 자체가 무리이거나, 소위 '노키즈존'을 표방하는 등 기본적인 음식점의 조건을 갖추지 않은 곳은 제외했다. 소위 '계보'에서 뻗어 나온 가지 가운데 몇 곳도 동어반복을 우려해 포함시키지 않았다. 함흥냉면 혹은 기타 면 요리에 비해서는 작지만 평양냉면의 세계도 나름의 방대함을 품고 있다. 각 냉면집 혹은 계열별로 같은 형식의 음식을 부르는 명칭이 조금씩 다른 것도 하나의 방증이다. 평양냉면 애호가라면 인지했겠지만 '평양냉면으로 통용되는 음식'이 "평양냉면", "물냉면", "냉면", 심지어 "평양랭면"으로도 불리고 있으니, 이러한 각각의 명칭을 각 음식점의 정보란에 가격과 함께 표기했다. 자질구레해 보일 수도 있지만 나름의 호명 체계를 지녔다고 이해하고 들여다보면 재미가 있으리라 믿는다. 일단 이번 여름에는 서울 위주로 정리하고 나머지 지역은 훗날을 기약한다.

2018년 5월

이용재

차례

1

공인된 노포

한국 평양냉면의
뿌리들

본점

🏠 서울 중구 창경궁로 62-29

📞 02-2265-0151

🕐 매일 11:30~21:30

💤 월요일 및 명절 휴무

우래옥

✏️ 냉면 13,000원

대치점

🏠 서울 강남구 영동대로 313

📞 02-516-6121

🕐 매일 11:30~21:00,
(휴식 시간 15:00~17:30,
토요일 15:00~17:00)

💤 월요일 휴무

1946년, 을지로4가 근처에서 서북관으로 시작한 우래옥의 장점은 무엇보다 완성도의 일관성이다. 한여름 점심시간, 로비를 가득 메울 정도로 손님이 잔뜩 밀린 상황에서도 냉면의 완성도가 크게 떨어지지 않는다. 냉면, 즉 차가운 국수라는 이름에 걸맞게 서늘함에서 오는 기분 좋은 긴장감이 똬리를 튼 면에 속속들이 서려 있다. 이 면을 젓가락으로 국물에 풀어내는 순간, 청량감이 국물로 퍼지며 한 그릇의 냉면이 비로소 완성된다. 서늘하지만 차갑지는 않은 온도 위로 능수능란하게 피어나는 메밀 면의 까슬함이 돋보인다.

평양냉면의 세계에서 우래옥의 냉면은 때로 논쟁의 대상이다. 다른 평양냉면과 확실하게 구분되는 묵직한 국물을 놓고 의견이 다소 갈리곤 한다. 소위 '육향肉香'이라 일컫는 고기 냄새와 더불어 '부담스럽다'는 평이 나온다. 심지어 "갈비탕 국물에 메밀 면을 만 것뿐"이라는 혹평도 있다. 어느 한우 숙성 전문가로부터 "육향 아닌 고기 냄새"라는 단언도 들은 바 있는데, 무거우면 무거운 대로 나름의 완결성과 균형을 갖추고 있어 큰 문제라고 보지 않는다.

되레 딸려 나오는 반찬이 냉면만으로 완성되는 균형을 깨는 측면이 있어 아쉽다. 특히 겉절이가 그렇다. 김치의 체면치레용 대역을 맡는데 매운 고춧가루 양념과 강한 화학조미료의 감칠맛, 배추속대 특유의 딱딱함 모두가 맛과 질감 면에서 냉면과 잘 어울리지 않는다. 계절에 따라 바뀌는 고명도 가끔 아쉬울 때가 있다. 특히 본점인 주교점의 경우 갈수록 맛이 강하고 거칠어지는 경향이 분명히 드러난다.(주교점과 대치점의 음식은 전반적인 맛이 살짝 다르다. 대치점이 전반적으로 순한 편이고, 물냉면의 경우 국물에 꿩완자가 함께 나온다).

　　물리적인 한계로 인해 냉면만큼은 아니지만 접객도 능수능란하다. 내놓고 친절하지는 않지만 노골적으로 불친절하지도 않고, 기능적이며 비교적 신속하게 응대한다. 다만 손님용 와이파이까지 설치한 마당에도 바뀔 것 같지 않은 식사 선불 제도(카드를 계산대로 가져가는데, 다른 이의 것과 바뀌어 결제된 경험도 있다.)나 개인 공간은 보장되지만 합석을 피할 수 없는 자리의 배치, 그리고 나름 고급스럽지만 딸린 숟가락 탓에 위생을 장담하기 어려운 양념통의 사용 등은 한 번쯤 재고가 필요한 과제이다.

평가		
면	●●●●●	계절마다 메밀과 전분의 비율이 바뀔 수는 있지만 대체로 긴장감을 잃지 않는다.
국물	●●●●	'육향'이나 묵직함보다 화학조미료에 방점이 찍혀 갈수록 거칠어지는 느낌이 우려된다.
고명·반찬	●●●●	때로 올라오는 신김치가 훌륭하다. 냉면의 완결성에 보탬이 되지 않는 겉절이는 없어도 될 것 같다.
접객·환경	●●●●	제약 속에서는 최선이라고 할 수 있는 프로의 움직임.
총평	●●●●	취향은 갈릴 수 있지만 완성도만은 지존.

의정부 평양면옥

🏠 경기 의정부시
   평화로439번길 7

📞 031－877－2282

🕐 매일 11:00～20:30
   (마지막 주문 20:00)

🌙 화요일·명절 휴무

✏️ 메밀물냉면 11,000원

'ㅋㅋㅋ' 국물을 한 모금 머금으면 조건반사처럼 반응이 '초성'으로 튀어나온다. 이론과 논리로 쌓은 맛이 있고 세월과 경험으로 쌓은 맛이 있는데, 이 국물은 후자의 완성형 같은 느낌을 준다. 조금 과장을 보태 흑마술이나 연금술이 개입한 건 아닐까 하는 생각이 들 지경이다. 균형을 거의 완벽하게 이룬 가운데 맑음과 감칠맛의 대비가 극적으로 두드러진다. 대체로 국물이 맑다면 감칠맛이 강할수록 조미료의 거칠음roughness도 드러나기 마련인데, 그런 자취가 전혀 없다. 서늘함과 차가움 사이에서 아슬아슬한, 다른 평양냉면 전문점보다 약간 차다 싶은 온도도 깔끔함에 한몫 보탠다. 이 모두를 감안하면 뒷맛도 깔끔하다. 가쓰오부시가 대표하는 일본식의 '맑지만 감칠맛의 켜가 뚜렷한 국물'에 대응하는 한국 대표로 손색이 없다.

그런데 고춧가루를 반드시 뿌려 내야 하는 걸까? 의정부 평양면옥은 평양 출신의 김경필 씨가 1·4후퇴 때 월남해 1969년 개업했다. 북한과 더 가까운 경기도 연천군 전곡에서 영업하다가 1987년 현재의 의정부 자리로 이전했다. 필동면옥(필동)과 을지면옥(입정동), 그리고 의정부 평양면옥 강남점(잠원동)으로 이루어진 소위 '의정부파'의 뿌리이다. 이 계열의 매장에서는 고춧가루를 뿌려 냉면을 완성하는데, 하나의 전통 혹은 감정적인 맛의 요소로 존중할 수는 있지만 객관적인 맛에는 보탬이 되지 않는다. 무엇보다 지용성인 고추나 고춧가루의 맛과 향이 찬 국물에는 잘 우러나지 않기도 하거니와, 이와 무관하게 감칠맛이 깔끔하게 두드러지는 국물의 끝에 따끔하고 까끌까끌한 여운을 남긴다. 같은 맥락에서 파도 다소 거추장스럽다. 곱게 썰어 얹은 파의 향은 보탬이 되지만 끝에 남는 쓴맛이 아무래도 거슬린다. 고춧가루와 파가 만나는 지점이 국물의 차원에서 옥의 티로 남는다.

면 또한 마음으로는 받아들일 수 있지만 머리로는 회의를 품게 만든다. 가는 굵기와 맞물려 쫄깃하기보다 질긴 편이고 맛도 그다지 인상적이지 않다. 그 맛과 질감에서 평양냉면 전문점에서는 차마 입에 담기 어려운 '함흥'이라는 단어가 복잡해진 머릿속을 빠르게 스치고 지나간다. 종업원의 말과 안내문 등 꽤 많은 곳에서 "가위를 댈 필요 없는 부드러운 면"임을 강조하는데, 의정부 평양면옥에서는 아예 가위가 딸려 나온다. 만약 소위 '몇 대 평양냉면 맛집'이 아니라면, 지금 막 등장한 신생 후발 주자라면 과연 얼마나 많은 이들이 의정부 평양면옥의 면을 수용할까? '도장 깨기'처럼 평양냉면을 즐기는 마니아라면 한 번쯤 생각해

보는 것도 재미있겠다.

평가			
면	●●●◐◐	마음으로만 수용할 수 있는 전통.
국물	●●●◑◐	마음은 물론 머리로도 수용할 수 있는 전통, 맑음과 감칠맛의 평화로운 공존.
고명·반찬	●●●◐◐	제육과 무김치가 만회한다.
접객·환경	●●●◐◐	한계 속에서의 최선.
총평	●●●◑◐	흑마술 평양냉면.

서울 중구 장충단로 207

02-2267-7784

매일 11:00~21:30

냉면 12,000원

장충동 평양면옥

'슴슴함'은 진정 평양냉면의 미덕일까. 이를 헤아려보려면 몇 단계를 되짚어 올라가야 한다. 평양냉면의 국물은 맑고 차가워야 하니 진한 고기 국물을 쓸 수 없다. 또한 짠맛으로만 균형을 맞추는 데는 분명히 한계가 있다. 그래서 감칠맛을 소환해야 한다. 다시 말해 짠맛과 감칠맛의 균형이 슴슴함의 핵심이다. 짠맛이 치고 나온다는 느낌은 주지 않아야 하지만 그만큼 감칠맛이 두툼함을 불어넣어줘야 만족스러울 수 있다. 이를 위해서는 웬만하면 화학조미료에게 SOS를 쳐야 한다. 실제로 냉면의 발전이 1930년대 일본발 화학조미료에 빚졌다는, 굉장히 설득력 있는 주장이 있다.

장충동 평양면옥의 냉면은 슴슴함의 한가운데에서 아슬아슬하게 줄타기를 하는 경향이 있다. 같은 뿌리에서 나온 논현동 평양면옥보다는 뒷맛이 덜 거칠고 깔끔하다. 감칠맛과 짠맛의 균형이 잘 잡혀 있다는 의미인데, 이론적으로는 그렇지만 실제로는 그 지점을 벗어난 냉면을 먹을 가능성이 높다. 간이 약하고 온도가 높은 국물과 힘없이 늘어지는 면이 만나게 되면, 차가운 음식의 긴장감이 사라진 흐리멍덩한 음식이 된다. 설상가상으로 가장 최근에 들렀을 때에는 냉면에서 털이 나오는 일도 겪었다.

기본적인 맛의 지향점은 좋을 수 있지만 실행이 받쳐주지 못하는 경우가 잦고 완성도가 떨어진다는 말이다.

소위 의정부 계열보다는 수준이 높은 냉면이라고 평가하지만 이제는 한 그릇에 12,000원이다. '스텐파'와 '비스텐파'의 가격차가 거의 없어진 현실에서 과연 스텐파가 정말 특색 있는 맛으로 승부하고 있는지, 또한 그것만으로 현재의 '서민적'인 설정을 정당화할 수 있는지 고민이 필요하다. 이 정도 가격이라면 이제 더 이상 공동 수저통을 식탁에 올려놓고 쓰는 구태와는 작별을 고할 때도 되었다. 좌식 공간을 입식으로 전환할 정도의 추진력이라면 올라가는 가격에 맞춰 다른 요소의 격도 높여야 한다. 각종 집기며 단체복 등 음식과 맛 외의 영역에서도 개선의 여지는 얼마든지 차고 넘친다.

평가		
면	●●●◐◔	아슬아슬한 메밀의 존재감.
국물	●●●◐◔	위태로운 슴슴함.
고명·반찬	●●●◔◔	특색 없다.
접객·환경	●●◐◔◔	좌식 공간의 입식 전환. 여전히 분주한 한식당.
총평	●●●◔◔	지향점에 자주 못 미치는 한 그릇.

마포점

🏠 서울 마포구 숭문길 24

📞 02-717-1922

🕐 매일 11:00~22:00

💤 명절 휴무

✏️ 물냉면 11,000원

을밀대

강남점

🏠 서울 강남구 테헤란로4길 46
　1층

📞 02-552-1922

🕐 매일 11:00~22:00
　(휴식 시간 14:00~16:30,
　마지막 주문 21:15)

💤 명절 휴무

✏️ 물냉면 12,000원

2015년, 을밀대는 좋지 않은 일로 매체에 오르내렸다. 각각 다른 매장을 운영하는 형제가 육수 공장의 운영과 지분을 놓고 법정 분쟁을 벌인 것이다. 그렇다. '공장'이라고 했다. '평양냉면'과 '공장'이라니. 인간과 자연의 관계를 호혜적이라 믿는 순수주의자라면 조건반사적으로 손사래부터 치겠지만 굳이 그럴 필요는 없다. 위생 등의 환경 관리 및 통제나 맛을 비롯한 품질의 일관성 유지에는 공장이 훨씬 더 효율적일 수 있기 때문이다. 쉽게 말해 '맛있으면 그만'이다.

그래서 을밀대의 냉면은 맛있는가? 아무래도 분쟁의 대상이었던 국물에 먼저 관심이 집중되는데, 예외적인 맛이라 할 만하다. 무엇보다 원재료로 맛을 내는 음식점, 특히 몇십 년 전통의 노포라는 곳에서 기대할 법하지 않은, 인스턴트 식품의 맛이 나기 때문이다. 음식 평론을 하려면 완성도를 평가하기 위해서라도 조리의 인과관계를 추측해야만 한다. '재료 A와 B를 C라는 조리 과정을 거쳐서 D라는 맛을 냈다.'라는 상황 판단을 조리 과정을 보지 않고, 식탁에 오른 음식만 놓고 하는 것이다. 그만큼 틀릴 가능성이 높고 그럴 경우 비평의 신뢰도를 약화할 수 있기 때문에 언제나 부담스럽다. 특히 눈으로는 인과관계에 대한 실마리를 거의 얻을 수 없는 국물이라면 더하다.

　그런데 을밀대의 국물에서는 확실히 인스턴트 식품의 맛이 강하게 난다. 단순한 화학조미료 수준이 아닌, 대량생산 식품에서나 날 법한 감칠맛과 설탕 이외의 당을 쓴 단맛이 지배한다. 식품 회사에서 라면처럼 끓여 먹는 인스턴트 냉면을 개발하는 과정에서 유명 냉면 전문점의 육수를 몰래 조금씩 가져와 분석했다는 이야기가 있다. 이 국물에서도 그러한 결과물의 특성을 느낄 수 있다. 대량생산 과정을 거쳐 만들어진 효모 농축액처럼 일단 입을 넘어갈 때에는 비슷하게 느낄 수 있는, 일종의 모사된 맛을 처음부터 목표로 삼은 결과물이다. 이 책을 통해 정리한 서른한 곳의 평양냉면 전문점에서 내는 그 어떤 맛과도 확연히 다르다. 눈으로 보지 않았으니 과정은 정확히 헤아릴 수 없으되, 혀에 남는 건 인스턴트 가루나 농축액을 물에 탄 맛이다.

　면 역시 평양냉면의 정체성에 걸맞다고 보기 어렵다. 평양냉면의 제면 과정은 '압출'이다. 반죽을 틀에 넣고 누르면 금형金型의 모양대로 빠져 나오면서 면의 모양을 갖춘다. 이를 바로 뜨거운 물에 삶아 형태와 질감을 포착한다. 그런데 을밀대의 면은 표면이 굉장히 거칠다. 마치 글루텐 함량이 높고 단단한 듀럼밀durum

을 제분한 세몰리나^{semolina} 반죽으로 뽑아낸 파스타 같다. 한편 질감은 거뭇거뭇한 메밀 껍질이 착시 현상을 일으키지만 아무래도 전분의 느낌이다. 비유하자면 형태는 다르지만 타피오카 전분으로 만든 버블티의 알갱이, 즉 '펄'의 사촌 혹은 면 버전 같다.

그리고 이런 맛과 질감 위에 살얼음을 덮어 모사의 위력을 찰나 최대한 끌어올린다. 차가운 상태에서 후루룩 넘기다 보면 불거져 나오는 감칠맛과 단맛도, 메밀처럼 사뿐하지 않고 굵기에 비해 문덕문덕 끊어지는 면의 질감도 의식하기가 어렵다. 요약하면 기가 막히는 경험의 설계인데, 다만 그 장점이 먹는 이를 위한 게 아니라는 점이 안타까울 뿐이다.

셰프 최현석은 "이렇게 맑은 국물이 이렇게 깊은 맛을 내니, 이 냉면이야말로 진정한 분자요리가 아닌가 싶다."[●]라고 평양냉면을 묘사한 바 있다. 낮은 온도 때문에 지방이나 젤라틴 같은 진함과 두툼함의 요소를 애초에 배제해야 하는 국물은 물론, 글루텐이 없어 제면이 어려운 메밀 면까지, 평양냉면은 조리가 녹록한 음식이 아니라는 점을 강조하려는 의도였다. 을밀대의 한 그

● 　오영제, 「셰프 최현석이 즐겨 찾는 맛집 2 - 평양면옥」, 《레몬트리》(2013년 1월호).

릇은 그와는 정반대의 방향에서 분자요리(정확하게는 현대요리) 같은 느낌을 진하게 풍긴다. 분명히 사람이 조리하지만 분자요리가 그 원리를 차용해온 대량생산 음식의 맛이 난다는 말이다. 따라서 노포의 평양냉면이 인스턴트 및 상품화된다면 가장 먼저 시장에 등장하는 쾌거를 누릴 수 있으리라 예상한다.

평가			
면	●○○○○	신기한 쫀득함.	
국물	●○○○○	공업의 맛.	
고명·반찬	●●○○○	면이나 국물보다는 낫다.	
접객·환경	●●●○○	냉면보다는 낫다.	
총평	●◐○○○	공업화된 노포.	

2
선발 주자

한국 평양냉면의
가지들

🏠 서울 중구 충무로14길 2-1

📞 02-2266-7052

🕐 매일 11:00~21:00

🌙 일요일·명절 휴무

✏️ 냉면 11,000원

을지면옥

한식의 가장 시급한 과제는 무엇일까? 여러 가지를 꼽을 수 있지만 평양냉면의 맥락 안에서라면 단연 '레시피'다. 기록과 전수도 중요하지만, 다른 한편 '가정에서 해 먹기 어려운 음식'이라는 선입견에도 도전할 필요가 있다. 어찌 보면 좀 아이러니하다. 요즘에는 메밀과 밀가루의 비율이 8 대 2 혹은 메밀만 100퍼센트인 일본의 건면 기성품을 어렵지 않게 구할 수 있다. 이런 현실에서 국물이 평양냉면의 가벼운 재현에 걸림돌이 되는 것이다. 영원히 '밖에서 사 먹을 수밖에 없는 음식'으로 남는 것보다 허술한 형식으로라도 좀 더 널리 퍼지는 것이 보존과 발전에는 더 도움이 될 수 있다. 인스턴트 국물의 세계와는 별개로 말이다.

굳이 레시피 이야기를 꺼내는 이유는, 을지면옥의 냉면을 먹으면 맛이 전수된 과정이 궁금해지기 때문이다. 을지면옥은 의정부 평양면옥의 창업주 김경필 씨의 둘째 딸이 운영하는 곳이다. 좀 더 정확히는 사위가 나서서 맛을 전수받았고 현재도 주방장으로 일한다. 그런데 김경필 씨는 2017년의 인터뷰*를 통해 "냉면 제조법이나 노하우를 기록으로 남겨주지 못했다. 그래도

---

*   허연·유준호, 「'의정부파' 평양냉면의 원조 김경필 할머니」, 《매일경제》(2017.6.2), http://news.mk.co.kr/newsRead.php?&year=2017&no=371149.

자식들 머릿속에 다 있다.”고 밝힌다. 그래서일까. 을지면옥의 냉면은 생각에 생각을 거듭해보아도 '목표 지점을 조금씩 빗겨 나간 의정부 평양면옥의 냉면'이라고 묘사하는 것이 가장 효율적이다. 나는 언제나 '음식과 맛은 점이 아닌 (시간 축 위의) 구간'이라고 규정해왔다. 하지만 음식의 특성이나 창업주가 밝히는 맛의 전수를 감안하면 의정부 평양냉면은 부득불 점으로 볼 수밖에 없겠다. 의도했든 아니든 재현하기 어려운 맛이라는 의미다.

물론 '점을 벗어난 맛'이라고 해서 더 못하다는 의미는 아니다. 감칠맛을 포함한 을지면옥의 전체적인 맛이 조금 더 까끌까끌 거칠고 온도도 살짝 더 차갑게 다가온다. 둘을 어떤 순서로 먹든, 먼저 먹은 냉면의 인상이 또렷하게 남아 있는 와중에 다른 냉면을 먹어보자. 흡사하지만 분명하게 존재하는 차이점을 느낄 수 있다. 냉면 한 그릇을 먹기 위해 의정부까지 가기가 여의치 않다면, 그에 드는 시간과 노력만큼 보정해 먹는 선택지로서 을지면옥의 냉면은 의미도, 맛도 있다. 국물은 이러하지만, 면의 사정은 좀 다르다. 의정부 평양냉면보다 확실히 더 질기다. 이런 차이는 맛을 찾는 과정에서 사람과 손의 차이로 인해 야기된 결과라는 생각이 들지 않는다. 메밀과 전분의 비율이 아무래도 다른 것처럼 느껴지기 때문이다.

평가			
면	◕◕◔◔◔	정녕 평양냉면인가.	
국물	◕◕◕◔◔	안착 지점을 벗어난 흑마술.	
고명·반찬	◕◕◔◔◔	국물의 온도 탓에 더 두드러지는 계란 흰자의 구린내.	
접객·환경	◕◕◕◔◔	남성 운영자만 평상복 차림.	
총평	◕◕◕◔◔	이만하면 그래도 탄탄한 대물림.	

필동면옥

🏠 서울 중구 서애로 26

📞 02 − 2266 − 2611

🕐 매일 11:00〜21:00

🌙 일요일 휴무

✏️ 냉면 11,000원

세상에 그런 음식이 얼마나 있겠느냐만, 평양냉면의 맛도 모두에게 사랑받지는 않는다. 면도 면이지만 오명은 대부분 국물이 뒤집어쓴다. 맑음과 감칠맛, 짠맛과 단맛의 줄다리기에 실패한 경우 '밍밍하다'는 반응은 물론, 한 술 더 떠 "걸레 빤 물에 만 국수" 같다는 최악의 반응도 심심찮게 회자된다. 지나친 표현이기는 하지만, 서울에서 먹을 수 있는 평양냉면 가운데에서는 안타깝게도 필동면옥의 한 그릇이 이런 반응을 곱씹어보게 만든다.

사실 필동면옥에서는 젓가락을 들기 전부터 실망을 피할 수가 없다. 평양냉면은 한식에서 드문 일품요리고, 가격 또한 높은 축에 속한다. 대신 기본적인 음식의 완성도나 접객 수준은 대체로 갖추는 편인데, 필동면옥은 예외이다. 환경은 극도로 부산스럽고 허술하며, 접객은 찌들었다. 그런 난관을 거쳐 간신히 자리를 잡고 주문하면 수돗물처럼 탁한 국물에 말아 낸 냉면이 등장한다.

구구절절이 말로 묘사할 필요도 없다. 필동면옥의 상태는 사진이 잘 설명해준다. 면이 풀어지다 못해 주발 언저리에 붙어 있는 채로 식탁에 오른다. 한국에서는 '허름하지만 맛은 좋다'는 허황된 믿음이 여전히 지분을 차지하고 있지만, 보기 좋은 떡이

맛도 좋다는 속담이 있다. 내 경험상 이런 상태로 나오는 음식은 대체로 맛이 있기 어렵다. 필동면옥 또한 의정부 평양면옥의 뿌리를 나누는 곳이지만 맛은 전혀 다른 지점에 있다. 설계를 논하기 이전에 맛의 지향점이나 설계 자체가 부재하는 듯한 수준의 맛이고, 확실히 완성도가 떨어진다. 탁하고 미지근하며 들척지근한 국물에 질긴 면, 체면치레로 올린 고명과 반찬의 조합은, 그래도 지향점과 의지만은 분명히 의정부에 두고 있는 을지면옥과 확연한 차이를 보인다.(필동면옥은 의정부 평양면옥 창업주의 첫째 딸이 운영하는 곳이다.) 공통점은 고춧가루뿐이다.

마지막으로 필동면옥의 '혼냉' 여건이 최악임은 반드시 짚고 넘어가야겠다. 많은 한식이 '최소 2인분'의 제약을 아직껏 고수하는 가운데, 그나마 일품요리인 평양냉면은 혼자 먹으러 다니기에도 부담이 적다. 인파 탓에 부득이하게 합석을 해야 하는 경우는 왕왕 겪지만 천대받는다는 느낌은 들지 않는다. 하지만 필동면옥은 다르다. 1인 방문자는 단 두 군데의 "지정석"에 앉아야만 한다. 대기 중인 경우에도 나중에 온 복수의 방문자에게 양보해야 하는 것은 물론, 빈자리가 많더라도 지정석에 앉아야 한다. 냉면의 완성도에 이런 불합리함까지 고려하면 필동면옥은 을밀대와 더불어 서울 최악의 평양냉면 전문점이라 할 수 있다.

평가			
	면	●○○○○	질기다.
	국물	●○○○○	평양냉면의 악몽.
	고명·반찬	●○○○○	체면치레.
	접객·환경	◐○○○○	아수라장.
	총평	●○○○○	최악의 평양냉면.

🏠 서울 강남구 논현로150길 6

📞 02 - 549 - 5378

🕐 매일 11:00~21:30

🌙 명절 휴무

✏️ 냉면 12,000원

논현동 평양면옥

흔히 평양냉면을 계보로 분류하는데, 사실 그릇으로도 나눌 수 있다. 크게 '스텐파'와 '비스텐파'이다.(남포면옥처럼 멜라민 주발을 쓰는 예외도 있다.) 전자가 좀 더 대중적인 분위기의 음식을 내는 가운데 평양냉면의 큰 두 줄기인 '장충동 계열'과 '의정부 계열'이 스텐파의 대표라는 점은 나름 흥미롭다. 한편 이들 스텐파는 좋게 말하면 대중적이고 나쁘게 말하면 낡은 환경을 고수하는 가운데 비스텐파와 가격의 차이가 크지 않다. 가격 인상으로 대중적인 이미지의 정당화가 갈수록 설득력을 잃어가는 것이다.

현대화와 산업화의 태동기에는 스테인리스 주발이 가볍고 시원할뿐더러 튼튼해 배달에 제격이었지만, 고급스러움과는 거리가 멀 뿐 아니라 특유의 비린내가 차가운 음식, 특히 평양냉면의 고기 바탕 국물과는 잘 어울리지 않는다. 주발의 가장자리가 입과 혀에 닿는 촉감도 나쁘다. 게다가 매년 여름이면 '비싼 한식'의 대표 주자로 매체에서 얻어맞는 평양냉면 아닌가. 평양냉면을 서민 음식이라 보기 어렵다는 생각을 고수하고 있지만 평양냉면의 이미지가 일종의 괴리를 품고 있으며, 그 중심에 스테인리스 주발이 있다는 사실은 곱씹어봐야 한다.

평양면옥이라는 상호가 헷갈릴 정도로 많은 가운데 논현동

의 평양면옥은 '장충동 계열'이다. 평양에서 대동면옥을 운영했던 고 김면섭 씨의 며느리 변정숙 씨가 맨 처음 문을 연 장충동 평양면옥(본점)을 큰아들에게 물려주고 차린 곳이다. 변정숙 씨의 이름을 특허 내어 비슷한 상호들과 차별화하고 있는데, 소위 스텐파 중에서 논현동 평양면옥의 한 그릇은 대중적인 평양냉면의 경계선에 서 있다. 투박한 가운데 평양냉면이라 규정할 수 있는 음식으로서 최소한의 완성도를 확보하고 있다는 뜻이다. 국물은 짠맛 위주에 감칠맛이 아슬아슬하게 두드러진다. 다시 말해 먹고 난 뒤의 꺼끌꺼끌한 여운이 좀 오래가는 편이지만 간신히 불쾌하지 않은 선에서 멈춘다. 한편 면도 살짝 질척거린다는 느낌을 떨칠 수 없지만 의정부 계열처럼 질기지 않고, 굵기도 적당히 유쾌하다.

논현동 평양면옥에서 가장 빛나는 요소는 의외로 국물 속의 절인 오이이다. 절인 오이를 내는 몇 군데 가게 중에서 이곳의 오이는 간이 적당하고 양도 많은 편이라 한 그릇을 비우는 데 의외로 주도적인 역할을 맡는다. 의정부 계열처럼 생파를 썰어 넣어 파를 씹을 경우 부득이하게 쓴맛을 봐야 하지만 절인 오이가 상당 부분 중화해준다. 그야말로 적당한 평양냉면이지만 종종 완성도의 기복을 겪을 때는 있다. 그럴 경우 긴장감이 떨어진, 늘어진 냉면이 식탁에 오른다.

평가			
면	⬤⬤⬤◯◯	살짝 질척거리지만 질기지는 않다.
국물	⬤⬤⬤◯◯	아슬아슬한 감칠맛.
고명·반찬	⬤⬤⬤◯◯	그래도 제 역할을 하는 배추김치.
접객·환경	⬤⬤⬤◯◯	남성 운영자만 평상복 차림.
총평	⬤⬤⬤◯◯	가장 보통의 평양냉면.

벽제갈비-봉피양

방이본점

🏠 서울 송파구 양재대로71길 1 - 4

📞 02 - 415 - 5527

🕐 11:00~22:00
(마지막 주문 21:15)

🌙 명절 휴무

ℹ️ 기타 지점 정보는 홈페이지
(http://www.ibjgalbi.com/
store/store) 참고

✏️ 봉피양 평양냉면 14,000원

좋든 싫든, 벽제갈비-봉피양의 냉면을 말하려면 우래옥으로 운을 떼어야만 한다. 67년 경력의 김태원 씨가 우래옥 출신이기 때문이다. 하지만 그걸로 끝이다. 냉면도 냉면이지만, 벽제갈비-봉피양의 행보가 우래옥과는 판이하게 다르다. 그리고 이곳의 냉면을 평가하려면 그 두 가지 모두를 고려할 필요가 있다.

압축해서 표현하면 이쪽이 우래옥보다 좀 더 세련되었는데, 출발점은 역시 냉면이다. 묵직하다면 묵직할 고기 국물의 균형을 동치미 국물로 절묘하게 잡았다. 두 켜가 각각 따로 흐르는 것 같다가도 머금고 또 삼키다 보면 어느새 하나가 되어 있다. 무겁지도 가볍지도 않으면서 표정이 뚜렷하고 중심이 잘 잡혀 있으니, 양념 갈비 등의 직화 구이나 딸려 나오는 여러 반찬, 특히 매운맛에도 크게 휩쓸리지 않고 끝까지 자기 목소리를 낸다. 면은 가닥가닥의 존재감이 까슬하니 뚜렷하면서도 한데 모여 든든함을 구축한다. 다소 아이러니하지만 '밥 같은 냉면'이라는 표현이 잘 어울린다.

핵심은 '현대화'이다. 냉면을 시키면 맛보기로 내오는 제육이 실마리를 준다. 우리와 달리 서양에서는 베이컨으로나 소비되던 삼겹살을 주요리용 부위로 재발견시켜준 저온조리를 거쳤다.

덕분에 비계의 켜가 매끈하고 부드러우면서도 살코기가 뻣뻣하거나 부스러지지 않는다. 덤으로 껍질도 훨씬 부드럽게 씹힌다. 돼지 삼겹살을 고명 등 냉면의 기본 요소로 내는 곳 가운데서는 유일하게 껍데기도 씹을 수 있는 상태의 돼지고기가 나온다.

한마디로 훌륭한 냉면이지만, 원동력인 현대화가 한편 발목을 잡는 것은 아닌가 우려도 된다. 행보 말이다. 프랜차이즈화로 인한 지점마다의 기복(실제로 꽤 다른 냉면을 먹은 기억이 선하다.)도 그렇지만 너무 많은 음식을 내놓는다. 냉면과의 조합의 기본으로 여겨지는 직화 구이 고기 외에도 생선, 백합과 같은 조개류 등 온갖 요리가 메뉴판을 가득 메운다. 완성도에 대한 우려는 크게 하지 않지만, 평양냉면의 시각에서 보자면 이 많은 음식들 사이에서 존재감을 잃는 건 아닌가 우려하게 된다. 근현대의 한식에 대해서 '메뉴가 적을수록 전문점'이라는 공감대가 형성되어 있음을 상기하자.

면과 육수의 조합만으로 훌륭한 냉면인 가운데, 고명의 의욕 과잉이 불거져 나온다. 너무 장식적인 지단이나 별도로 내오는 제육에 비해 뻣뻣한 편육 고명도 그렇지만 얼갈이 배추김치의 싸구려 신맛과 단맛이 거슬린다. 배꼽집에서도 이를 벤치마킹한 모양인데, 그런 곳에서 내는 냉면이라면 넘어갈 수 있겠지만 봉피양의 세련됨과는 확실히 어울리지 않는다. 덕분에 14,000원이라는 가격이 좀 높게 다가온다.

평가			
	면	🥟🥟🥟🥟🥟	가볍고도 묵직하다.
	국물	🥟🥟🥟🥟	따로 또 같이 이루는 균형.
	고명·반찬	🥟🥟🥟	면과 국물에 비해 떨어지는 완성도.
	접객·환경	🥟🥟🥟🥟🥟	교육받은 친절함.
	총평	🥟🥟🥟🥟	고급 한식의 모범 사례, 밥 같은 냉면.

서울 서초구 방배중앙로 153

02-532-2225

매일 00:00~24:00,
일요일 00:00~22:00

평양냉면 11,000원

장수원

1975년부터 명동, 청량리 일대에서 음식점을 운영한 노하우로 방배동에 문을 연 곳이 장수원이다. 비가 엄청나게 오는 날 이탈리아 음식에 와인을 마시다가 이곳의 이야기가 나와서 계획에 없이 처음 찾아갔는데, 술과 비에 찌들었음에도 그때 먹었던 냉면 국물의 맛이 오랫동안 기억에 남았다. 너무나도 또렷하지만 말로는 표현하기 어려운 이미지의 맛이라고 할까. 원인은 아무래도 동치미 국물 같다. 이곳의 평양냉면도 고기와 동치미 국물을 배합해서 만드는데, 맛이 참으로 설명하기 어려운 지점에 놓여 있다.

한 가지 확실한 건, 개운함을 자동적으로 담보하는 국물은 아니다. 굳이 비유를 들자면 소금과 무 외에도 온갖 재료를 더해 담근 동치미의 맛이라고 할까? 마늘보다는 생강의 알싸함이 두드러지는 가운데 정확히 무엇이라고 감지하기 어려운 복잡다단한 맛이 고기 국물의 바탕 위로 자글자글 피어 오른다. 물론 끝에는 단맛도 빠지지 않는다. 마지막에는 굵은 짠맛이 확실하게 고개를 든다.

긍정적인 의미에서 폭발적이라고 표현하고 싶지만, 차가운 국물이다 보니 맛이 무차별적으로 쏟아진다는 느낌에 더 가깝다. 굵지 않은 면은 맛이나 질감 양쪽에서 더도 아니고, 덜도 아닌 중간이다. 질기지도 않지만 부드럽지도 않고, 먹고 난 뒤 또렷하게 인상이 남을 정도도 아니다. 그저 자기 자리를 적당히 지킨다. 평양냉면 국물이 묘사나 설명을 하기에 편한 대상은 아니지만, 그중에서도 장수원의 냉면 국물이 가장 어려운 좌표에 놓여 있다. 일정 수준 완성도를 갖추고 있는 점을 접객이나 환경과 더불어 높이 사지만, 평양냉면 한 그릇이 간절할 때 딱 떠오르는 맛은 아니라는 말이다.

평가			
	면	●●●◐◐	보통.
	국물	●●◐◐◐	한 길 사람 속보다 더 모를 한 치 냉면 국물.
	고명·반찬	●●◐◐◐	유난히 두드러지는 분식집 맛 냉면 김치.
	접객·환경	●●●●◐	현대적인 공간, 여유 있는 간격.
	총평	●●◐◐◐	헤아리기 어려운 맛의 평양냉면.

압구정점

🏠 서울 강남구 언주로164길 19

📞 02-3445-0092

🕐 매일 11:00~22:00

🌙 명절 전날·당일 휴무

✎ 평양냉면 13,000원

강서면옥

평양냉면의 제1 미덕 혹은 정체성으로 맑은 국물을 꼽는다면 강서면옥에서는 일단 당황부터 할 가능성이 높다. 보는 눈에 따라서는 탁하다고도 느낄 수 있을 만큼 국물의 색이 짙다. 맛도 만만치 않다. 매장의 벽에 걸어놓은 안내문(1948년으로 거슬러 올라가는 역사를 포함해서)을 충실히 따라 면보다 먼저 한 입 머금으면 평양냉면 국물치고는 꽤 찬다는 느낌을 지배적으로 받는다. 감칠맛도 감칠맛이지만 단맛이 만만치 않은데, 놀랍게도 그만큼 적극적인 것치고 예상 외로 깔끔하다. '입에 쫙쫙 달라붙는다'는 상투적인 표현이 너무 잘 들어맞는 나머지 쓰지 않고는 못 배길 단맛이다. 굳이 따지자면 취향이 아니고 취향에 맞기도 어렵지만 미워할 수는 없는, 나름 감각적인 단맛이다.

이런 국물에 비해 면은 미묘하도록 나긋나긋해 재미있는 대조를 이룬다. 압출, 즉 틀에 반죽을 넣고 뜨거운 물 위에 짜내는 방식으로 순간을 잘 포착했다. 가늘지만 힘이 아주 없지는 않아 적어도 한 대접을 다 비울 때까지는 버텨주는 데다가 미세하게 돋아 있는 꺼끌꺼끌함이 지루함도 막아준다.

아닌 듯 면과 국물의 조화가 좋은 가운데, 고명이 유난히 허울을 벗어나지 못한다. 어슷하게 썰어 넣은 생오이는 반달썰기한 배와 균형을 잡으려는 의도를 읽을 수는 있지만, 아무래도 특유의 아삭한 질감이 평양냉면 전체의 미묘함에는 잘 어우러지지 않는다. 동치미라고 부르기에는 무리가 있는 무김치 또한 그 맛이 딱히 전체의 조화에 기여하지 못함은 물론, 직육면체로 썰려 있어 면과 겉돈다. 삶은 소 사태도 육수의 부산물임을 감출 생각이 전혀 없는지 딱딱하고 뻣뻣하다. 반찬인 무와 열무김치도 간이나 익은 정도, 온도 면에서 아무런 보탬도 되지 않는다. 고명이며 반찬의 단점이 오히려 면과 국물만의 조화 및 완결성을 더 부각하니 이를 어떻게 받아들이면 좋을까. '고도의 지능형 안티'라면 지나친 해석일까?

평가			
	면	●●●●◌	우수한 메밀의 순간 포착.
	국물	●●●◌◌	취향의 면 바깥에 놓여 있지만 인정할 수는 있는 단맛.
	고명·반찬	●●◌◌◌	아예 없어도 무방하다.
	접객·환경	●●●◌◌	한가할 때에도 다소 정신 없이 서두르는 분위기.
	총평	●●●◌◌	가끔 생각날 평양냉면의 한 줄기.

분당점

🏠 경기 성남시 분당구
　느티로51번길 9

📞 031-786-1571

🕐 매일 11:00~22:00
　(마지막 주문 21:00)

💤 명절 휴무

평가옥

🖊 평양냉면 13,000원

광화문점

🏠 서울 종로구 새문안로5가길 7

📞 02-732-1566

🕐 11:30~21:00

💤 명절 휴무

고춧가루가 평양냉면에 어울리지 않는다면 생고추는 어떨까? 평가옥의 냉면이 고민의 기회를 준다. 독특하게도 국물에 썬 고추가 딸려 나온다. 생식이 아니라면 대체로 고춧가루가 매운맛을 책임지는 한식의 문법을 헤아려보면 생고추가 되레 어색하다. 게다가 의정부 계열의 전매특허인 고춧가루를 빼놓으면 대개 매운맛이 개입하지 않는 게 평양냉면의 세계이다. 이 책에서 다루는 곳들 가운데서도 유일한 선택이라 호기심이 증폭될 수밖에 없다.

그리하여 평가옥의 냉면을 통해 과감히 맛의 조화를 탐구해보았으나 결과는 실패였다. 보통 고추도 아닌 청양고추인지라 매운맛이 상당했고, 평양냉면에는 캡사이신으로 인한 통각을 씻어줄 지방이 존재하지 않으니 여파는 의외로 길었다. 개인차가 분명하겠지만 경우에 따라 냉면 한 그릇의 경험을 완전히 망칠 수도 있다. 그럼에도 고추를 넣은 의도는 무엇이었을까? 아삭거림을 더하려는 심산이라면 보통 풋고추로도 더 좋은 효과를 낼 수 있다. 심지어 매운맛이 거의 없이 아삭함이 꽤 가벼운 오이고추도 있다. 그러나 한식에서 고추는 일단 매운맛을 위해 동원되는 식재료 아닌가. 굳이 청양고추를 선택한 이유가 있을 것이다.

너무나 궁금하여 물어보았으나 돌아온 대답은 "거슬리면 빼달라고 요청하세요."였다.

　이렇게 한식에서 작지만 의외의 위력으로 음식 전체의 경험을 망칠 수 있는 요소와 맞닥뜨릴 때마다 '여백의 미'에 대해서 곱씹어본다. 채움만큼이나 비움도 전체의 균형에 결정적인 역할을 한다는 가르침이겠으나 현재의 한국 문화, 특히 음식에서는 찾아보기가 매우 어렵다. 애초에 온갖 재료를 더하고 끓여 맛을 우려내는 것이 국물일 텐데, 그 재료들이 눈에 띄지 않는다는 불안감 때문에 이런 요소를 습관적으로 더하는 것은 아닐까. 그리고 그것이 누구에게도 의심을 사지 않은 채 세월을 거치면서 전통인 양 굳어버린다.

　한편 같은 맥락에서 비빔냉면의 문법도 고민해볼 수 있다. 개입의 의도가 가늠되지 않는 청양고추의 폭발적인 매운맛 때문에라도 짚어볼 수밖에 없다. 평양냉면은 한식치고 드물게 매운맛이 적극적으로 개입하지 않는 음식이다. 하지만 비빔냉면에는 왜 고추장 바탕의 양념을 수북이 쌓는 걸까? 간장이나 된장은 안 되는 걸까? 두 가지 냉면의 맛 자체도 다르거니와, 매운맛의 강도를 감안하면 그 인상 또한 물냉면의 대구로는 어울리지 않는다. 게

다가 비빔냉면은 차가운 국물이 없어 '냉면'이라고 하기에 무리가 있다. 또 금방 뭉쳐버릴 수 있는 메밀 면과 양념이 매끄럽게 어우러지지도 않아 양념만 뭉텅이로 먹게 되기도 한다.

　쇠고기와 돼지고기 외에도 찢은 닭고기가 고명으로 등장한다. 부스러질 정도로 익은 후 냉면의 맥락 안에서 딱딱하게 굳어버린 닭고기는 아무런 매력이 없다. 청양고추와 닭고기 고명의 두 요소를 빼면 크게 특색이 없는 한 그릇이다.

평가			
면	◕◕◖◌◌	옛날 메밀 면의 색깔과 뚜렷한 저항.
국물	◕◕◖◌◌	불고기 양념 맛.
고명·반찬	◕◕◕◌◌	무와 배추를 섞은 냉면의 김치가 그래도 먹을 만하다.
접객·환경	◕◕◕◌◌	한식당의 일반적인 적절함.
총평	◕◕◖◌◌	청양고추라는 개성은 굳이 필요 없는 냉면.

평래옥

🏠 서울 중구 마른내로 21-1

📞 02-2267-5892

🕐 매일 11:30~22:00
(휴식 시간 15:30~17:00,
마지막 주문 21:00)

✒️ 냉면 10,000원

평래옥은 1950년에 개업했다가 2010년, 2년간의 폐업 상태를 마감하고 새 위치에 문을 열었다. '그래서 이 집만의 매력이 무엇이냐?'라고 물으면 잠시 머뭇거리겠지만 10,000원에 준수하고 깔끔한 냉면을 먹을 수 있다고 답하겠다. 단맛과 감칠맛 위주에 신맛이 살짝 감도는 국물은 딱히 매력적이지 않지만 굵은 면은 순하고 부드러우며, 둘의 짝도 그럭저럭 무난하다. 다만 전혀 익지 않은 얼갈이와 무김치의 풋내가 그 무난한 조합을 방해한다.

평래옥만의 특색이라면 기본으로 나오는 닭무침일 텐데 그 자체로도, 냉면의 고명으로서도 아리송하다. 매운맛은 차치하더라도 너무 달고, 완전히 익혀 차갑게 보관했던 고기인지라 꽤 딱딱하다. 게다가 물엿을 썼는지 겉면이 미끈거려 순하고 부드러운 면의 질감을 방해한다. 단맛이 약하지는 않은 국물인데도, 닭무침과 함께 먹다 보면 곧 단맛의 자취가 지워져 밍밍해진다. 평래옥의 다른 음식이라면 모르겠지만 물냉면과 좋은 조합이라고는 볼 수 없다.

평가			
	면	⬤⬤⬤◖◯	굵고 순하고 부드럽다.
	국물	⬤⬤◖◯◯	단맛과 감칠맛 위주이나 특색이 두드러지지는 않는다.
	고명·반찬	⬤◖◯◯◯	전혀 익지 않은 김치.
	접객·환경	⬤⬤⬤◯◯	무난한 친절함.
	총평	⬤⬤◯◯◯	평범하고 무난한 한 그릇

일산점

🏠 경기 고양시 일산동구 중앙로 1199

📞 031-908-6660

🕐 매일 11:30~21:30

서울점

🏠 서울 강서구 우장산로 120

📞 02-2690-7288

🕐 매일 11:30~22:00

대동관

✏️ 평양냉면 11,000원

"가위 필요 없으세요?" 막 몰아치기 시작한 점심시간, 분주한 발걸음 사이로 접객원이 누군가를 응대한다. 메밀을 바탕으로 만드는 평양냉면이라면 가위로 면을 잘라줄 필요가 없다. 종종 비아냥으로도 쓰이듯 '툭툭' 끊어지지는 않을지언정 면의 똬리가 한꺼번에 딸려 올라오다가 국물로 첨벙, 떨어질까 걱정하지 않아도 될 만큼은 연하다. 그런데 먹다 말고 속으로 맞장구를 치게 되는 것이다. '그러게, 가위가 필요할 것도 같다.' 면이 아슬아슬하게 저항하며 젓가락에 딸려 올라왔다.

군이 면이 툭툭 끊어져야만 할까? 단언할 수 없다. 연하다고 무조건 좋은 면도, 질기다고 무조건 나쁜 면도 아니다. 다만 면의 물성은 평양냉면의 울타리를 넘어서 고민해볼 사안이다. 어떤 질감 혹은 물성의 면이 국물과 더 잘 어우러질까? 단단하기보다 연한 게, 쫄깃하기보다 부드러운 게 더 잘 섞여 넘어간다. 탄력은 품어도 최종적인 저항은 하지 않고 끊어지는 일반적인 밀가루 면의 질감도 헤아려볼 일이지만, 메밀이 글루텐의 부재라는 치명적인 단점을 지니고도 면의 재료로서 자기 영역을 확실하게 확보하고 있는 이유도 궁극적으로는 '힘없음'이다. 따라서 국물에 딸린 면이라면 재료 불문, 저항은 없는 편이 더 바람직하다.

비록 저항이 강한 편이지만 중간 굵기에 표정이 또렷한 맛있는 면이어서 고민은 한층 더 커진다. 메밀 100퍼센트의 면이 장인의 손길을 입고 수타면으로도 존재하는 현실에서, 발달한 기술을 감안하면 기계 압출면은 이보다 더 나긋나긋하게 국물과 잘 어우러질 수 있다고 생각하기 때문이다. 이런 지점에서 전통을 향한 고민이 언제나 고개를 든다. 발전과 개선의 여지가 분명히 있을 때에도 특정 시점에 형성된 양태를 전통이라 여기고 고수해야 할까?

한편 다분히 습관의 산물로 보이는 고명 또한 면이 안기는 고민에 깊이를 더한다. 얇게 저민 무와 오이는 날것에 가까울 정도로 맛에는 보탬이 없이 질감에만 변주를 주는데, 그래도 결대로 뻣뻣하게 부스러지는 고기에 비하면 미약하게 긍정적이거나 아예 영향력이 없어서 다행스럽다. 아무것도 남지 않는 가운데 빨간색을 시늉으로만 입고 있는 배추김치의 신맛이 애초에 자신의 과업이 아닌 균형을 잡으려 애를 쓴다.

평가		
면	●●●◐◌	또렷한 맛, 아슬아슬한 저항.
국물	●●●◌◌	'맑감'과 '멀겋' 사이로 비집고 들어오는 조미료.
고명·반찬	●●◌◌◌	신김치의 기대치 않은 고군분투.
접객·환경	●●●◌◌	복장은 아마추어.
총평	●●●◌◌	동네에 있다면 가끔 유용할 평양냉면.

부원면옥

🏠 서울 중구 남대문시장4길 41 - 6

📞 02 - 753 - 7728

🕐 매일 11:00~21:00

🌙 첫째 · 셋째 주 일요일 휴무

✏️ 물냉면 8,000원

신기하게도 부원면옥은 음식보다 장소를 먼저 생각하게 된다. 복잡해서 때로는 '거기가 거기' 같은 시장 상가의 빼곡한 진열품 사이에 입구가 나 있다. 게다가 2층이라 가파른 콘크리트 계단을 다소 위태롭게 올라가야 한다. 출입문보다 번철에서 돼지기름으로 굽는 빈대떡의 고소한 냄새가 방문자를 맞는다. 부원면옥이 만약 1층에 있었더라면 빈대떡까지 시켜 먹을 마음이 그렇게 쉽게 들까? 어쨌든 묘한 성취감에 휩싸여 계단을 오르고 나면 꼭 빈대떡까지 주문하게 된다. 적어도 입구를 찾는 순간까지는 '이번엔 냉면만 먹고 가야겠다'고 굳게 마음먹었더라도 말이다. 말하자면 장소성을 제외하고 부원면옥의 냉면을 논하는 건 큰 의미가 없다.

사실 부원면옥을 이 책에서 다루어야 할지 좀 망설였다. 물론 일각에서 이곳이 "마이너리그 평양냉면집"이라는 평가를 받기 때문은 아니다. 그보다 이 한 그릇을 받아 들고 있노라면 굳이 평양냉면이라는 생각이 들지 않기 때문이다. 약간의 두툼함이 있지만 대부분을 새콤달콤함으로 메우는 국물도 그렇고, 굵고 매끈하며 한편 사뿐하지만 메밀보다는 밀가루와 전분의 조합에 의한 질감이 두드러지는 면도 그렇다. 전체적으로는 평양냉면과 경상도의 대중 음식인 밀면의 중간 형태와 같은 인상이다.

그래서 나쁘다는 말은 아니다. 오히려 틈새를 정확하게 알고 잘 지키고 있다는 차원에서 긍정적인 음식이라고 본다. 특히 가격과 맛이 장소성과 궤를 같이 한다는 점에서 그렇다. 대체로 시장은 서민의 장소로 인식되고, 시장의 음식도 마찬가지다. 그와 별개로 모든 한식은 서민적이어야 한다는 선입견에 시달리는데, 평양냉면은 어느 정도 예외적인 지위를 점유하고 있다. 그 결과 2018년 현재 평양냉면 전문점의 한 그릇 가격은 대개 최저 10,000원에서 시작하나 모든 곳에서 소위 '돈값' 하는 음식을 먹을 수 있는 건 아니다. 다시 말해 시장이라는 장소성 및 특수성을 입고 8,000원에 존재하는 부원면옥의 냉면보다 품질이 떨어지는 곳도 있다.

물론 이런 차원에서 긍정적인 측면이 긴 여운을 남기는 것은 아니다. '시장 간 김에 한 그릇' 같은 마음이 아니라면 면도 국물도 가격의 한계에서 자유로울 수는 없다.(그래서도 안 된다.) 하지만 굉장히 드물게 부원면옥의 냉면은 솔직함을 미덕으로 삼는다. 비싸게 팔고 싶은 생각이 없는 음식을 그럭저럭 가격에 맞는 수준으로 낸다는 말이다. 따끈한 빈대떡을 바삭한 가장자리를 포함해 한 쪽 떼어 입에 넣는다. 돼지기름의 고소함을 순간 만끽한 뒤 새콤달콤한 국물로 씻어낸다. 그 과정에서 따뜻함과 차가움의 대조를 느끼며 면을 한 젓가락 입에 넣고 씹어 넘긴 뒤 다시 따뜻한 면수로 마무리한다. 딱 가격만큼만 기대한다면 가끔은 즐거울 수 있는 한 그릇이다.

평가			
면	●●○○○	별도의 세계.
국물	●●○○○	새콤달콤.
고명·반찬	●●●○○	너무나도 훌륭한 제육.
접객·환경	●●●○○	시장통의 최선.
총평	●●◐○○	자신만의 틈새에서 빛나는 냉면.

서울 중구 을지로3길 24

02-777-3131

매일 11:30~22:00

명절 당일 휴무

냉면 11,000원

남포면옥

"을지로의 좁은 골목에서 45년째 운영 중!"이라는 매장 포스터의 문구가 유난히 눈에 들어오는 한편, 출입문과 묘하게 공명한다. 45년이라는 세월의 흔적을 담은 듯한 나무 미닫이 문틀이 유리를 사이에 끼고 자동문으로 탈바꿈했다. 다소 확대 해석이겠지만 한식의 나아갈 바를 시사하는 것 같기도 하다. 특색과 개성은 살리면서 필요에 맞게 세부 사항을 다듬고 '업그레이드'하는 방향 및 방법론 말이다.

　출입문과 함께 입구에서 손님을 맞는 독이 보여주듯 남포면옥의 냉면 국물은 동치미 국물을 섞어서 만든다. 단순히 고기 국물의 대체라고 폄하하기에 동치미 국물은 나름의 확실한 미덕을 지니고 있다. 고기 국물에 딱히 뒤지지 않는 자신만의 확실한 켜와 두께를 발효의 감칠맛으로 확보했을 뿐 아니라 시원함마저 갖추고 있다. 게다가 그 자체로 완결된 간을 갖추고 있으니 흔히 전해 내려오는 '진짜' 평양냉면의 추억('긴 겨울밤에 야식으로 차가운 국물에 말아 뜨끈한 아랫목에서 먹었다. 그 차가움과 뜨거움이 공존하는 경험 때문에 겨울 냉면이 참맛이다.')은 물론, 메밀 특유의 고소함과 더 잘 공명하는 바탕일 수 있다. 또한 고기 국물과 '블렌딩'할 경우 결이 다른 감칠맛을 공유하는 한편, 켜와 두께를 상호 보완하고 시원함으로 마무리해줌으로써 큰 시너지 효과를 낼 수 있다.

이상적으로는 그렇지만 막상 한 모금을 들이켜보면 현실은 사뭇 다르다. 단맛 탓이다. 음식점에서 먹을 수 있는 거의 모든 동치미 국물은 기본적으로 단맛을 갖추고 있고, 남포면옥의 것도 예외가 아니다. 단맛은 언제나 좀 더 즉각적인 즐거움을 선사하는 한편 좀 더 깊이 내려갈 수 있는 여지, 즉 시원함의 꼬리를 잘라버린다. 소위 '단짠'의 문법은 넓지 않은 구간 안에 좌표를 잘 잡아주면 나름의 오묘함을 갖출 수 있다. 단맛과 짠맛의 균형을 잘 잡아 적절히 지속시키면 바람직한 인상을 남길 수 있다는 말이다. 하지만 남포면옥의 국물은 그렇게 자리를 잡기에는 고기 국물이 옅어 동치미의 단맛 쪽으로 맛이 기운다. 장류를 비롯한 발효 식품이 품을 수 있는 쓴맛이나 텁텁함에 균형을 잡아주므로, 단맛은 어쩌면 한식에서 안 쓸 수 없는 카드일 수 있다. 하지만 평양냉면 같은 음식에도 단맛의 자리가 정녕 필요한 것인지 의구심을 떨칠 수는 없다.

평가

면	●●●○○	까실한 균형이 돋보이는 질감은 좋지만 맛이 두드러지지는 않는다.
국물	●●●○○	단맛!
고명·반찬	●●●○○	구색을 갖춰 최선을 다한다.
접객·환경	●●●○○	외국인 접대에 좋을 좌식 공간.
총평	●●●○○	좀 더 뻗어나갈 수 있는 시원함이 아쉽다.

🏠 경기 수원시 팔달구
　　정조로788번길 5

📞 031-246-3341

🕐 매일 11:00~21:00

✏️ 메밀물냉면 10,000원

수원 평양면옥

수원에서 태어나 20년가량 살았다. 그사이 화상華商 중식당을 중심으로 설렁탕, 아구탕, 일식 등 각종 음식이 가족의 외식 메뉴로 스치고 지나간 가운데, 평양냉면을 먹은 기억은 전혀 없다. 수원, 특히 팔달문 주변의 구시가지에서 먹을 수 있는 냉면이란 지역의 접두어가 붙지 않아도 언제나 함흥식 냉면이었다.

　　그래서 이 냉면의 존재가 굉장히 낯설다. 단정하고 깔끔하게 뽑은 면은 메밀 면이라기보다 메밀이 넉넉하게 개입한 중면의 느낌이다. 조금 너그러운 마음으로 '융통성'이라고 말할 수 있을 수준의 탄성을 지니고 있으며, 매끈하고 살짝 축축하다. '과연 평양냉면이라 형성된 공감대의 범위 안에 포함시킬 수 있을까?'라는 의문이 들기는 하지만 성실함은 확실히 돋보이는 면이다. 반면 국물은 부정적인 의미에서 충격을 안긴다. 뭉근한 단맛을 바탕으로 마늘이 아닌, 생강이나 후추가 개입한 매운맛(알싸함)이 굉장히 두드러진다. 구김살 없고 맑은 면과 썩 어울리지도 않는다.

　　고명으로 올라간 배와 생오이는 구성으로서는 딱히 뭘 게 없지만, 썰어놓은 방식이 그 의미를 해독할 수 없게 만든다. 얇게 썰지도, 가늘게 채치지도 않고 흡사 프렌치프라이처럼 손가락 굵기로 썰어냈다. 어떻게 먹으라는 의미일까? 대체로 얇게 썬 고명이라면 면을 감싸서 먹기에 좋고, 가늘게 채쳤다면 결이 면과 묻어간다. 통상적인 평양냉면 고명의 두 양태를 의도적으로 피한 설정은 어떤 의도를 담고 있는 걸까? 그나마 굵기 덕분에 두드러지는 배의 단맛이 국물의 끝에 깔리는 알싸함과 맞물려 통상적인 한국의 불고기 양념 같은 뉘앙스를 살짝 풍겼지만, 아무래도 과장된 해석일 것이다.

마지막으로, 수원 평양냉면의 진짜 별은 반찬이다. 대체로 평양냉면 전문점의 반찬이 구색 맞추기에 지나지 않는 가운데, 잘 익어 줄기를 씹으면 감칠맛이 뿜어 나오는 열무김치는 아주 훌륭했다. 면과 김치, 이 두 가지만으로 하나의 음식이 될 수 있다고 생각될 정도의 완성도였다. 허투루 만들지는 않은 무김치 역시 식초와 설탕의 조합이 분식집의 뉘앙스를 적극적으로 풍기지만 면처럼 성실했다.

평가			
면	◕◕◔◌◌	매끈하고 축축하다.
국물	◕◕◌◌◌	눈치 없는 알싸함.
고명·반찬	◕◕◔◌◌	의미 없는 고명, 훌륭한 반찬.
접객·환경	◕◕◕◕◌	적극적으로 친절하다.
총평	◕◕◔◌◌	불쾌하지 않게 먹을 수는 있지만 평양냉면 여정의 목적지로서는 글쎄······.

3

후발 주자

2000년대 이후 등장한
시도들

🏠 서울 영등포구 국회대로76길 10

📞 02-2683-2615

🕐 매일 11:30 ~ 21:30
(휴식 시간 15:00 ~ 17:00,
마지막 주문 21:00)

🌙 토요일 휴무

✒️ 평양냉면 10,000원

정인면옥

북한 출신의 부모님에게 기술을 전수받은 것은 물론, 이름도 한 자씩 따와 상호로 삼았다. 평양냉면을 즐기는 이들이 흔히 명석처럼 깔고 보는 '계보'와는 결이 조금 다른 요소이지만 음식의 정통성 확보를 위한 다양한 시도 또는 국면을 보여준다. 동시에 '스토리텔링'도 한 켜 덧입는다. 어쩌면 최근 두각을 나타내는 신흥 전문점(3세대라고 범주화해도 될까?)의 정체성에 가장 잘 어울릴 법한 서사이다. 광명에서 출발해 일종의 '목적지 음식점destination restaurant'과 같은 위상을 누리다가 2014년 여의도의 현재 위치로 확장 이전했다. 운영자의 친구가 인수했다는 광명점은 별개의 업장으로 운영된다.

국물은 대체로 맑은 가운데 좋게 말하자면 깜짝 놀랄 만한 두툼함이 깔려 있고, 나쁘게 말하자면 감칠맛이 다소 과하다. 그나마 단맛으로 여운을 잘라내는 시도가 두드러지지 않아 먹을 때에는 큰 거부감이 없지만 뒷맛이 깨끗하지는 않다. 매체의 보도에 의하면 구운 사과 껍질 등을 더해 육수를 낸다고 하지만 자취를 쉽게 찾기가 어렵고, 전체의 맛에 얼마만큼 보탬이 되는지는 의문이다.

한편 면은 고들고들함의 영역을 넘어 단단하다고 할 수 있는 질감과 함께 딸려 오는 고소한 맛으로 일종의 완결성을 지녔다. 아무 곁들이 없이 먹어도 만족스럽다는 의미인데, 그렇기 때문에 국물과의 조화가 다소 애매하다. 이런 질감과 맛의 면이라면 국물도 잘 묻어나도록 단정하고 깔끔한 게 더 나을까? 아니면 국물만이라도 다소 화려하다 싶게 감칠맛을 깔아줘야 할까? 한쪽으로 선뜻 결정을 내리기 어렵다면 고명이 캐스팅보트 역할을 맡을 수 있다. 고명의 맛과 질감 등을 더해 한 그릇 전체가 내는 맛의 설계 의도를 읽어볼 수 있다는 말이다.

면의 질감을 감안하면 좀 더 얇아도 좋을 쇠고기는 큰 의미가 없고, 짭짤하게 절인 오이가 의외의 '깜짝 스타'이다. 면의 선명함과 딱딱함, 퍼지는 듯한 국물의 감칠맛 사이에서 아주 강한 짠맛과 오돌오돌한 질감으로 균형을 잡아주면서 방점을 찍는다. 녹태가 낀 듯 노른자의 표면이 변색되고 흰자의 살점이 군데군데 뜯어진 삶은 계란과, 마늘 맛으로 되레 냉면을 방해하는 두 가지 김치(무와 열무)까지 그럭저럭 막아주니 이 절인 오이가 정인면옥 냉면의 숨은 조연이라고 할 수 있다.

평가			
면	●●●◐○	맛의 자신감(고소함) 〉 질감의 자신감(딱딱함).
국물	●●●○○	자글자글 끓는 뒷맛.
고명·반찬	●●○○○	짭짤하게 빛나는 오이절임과 의미 없는 나머지. 비극적인 계란.
접객·환경	●●○○○	여유 있는 식탁 간격으로도 상쇄되지 않는 어수선함.
총평	●●●○○	솔직함이 장점이자 단점인 평양냉면.

분당점

🏠 경기 성남시 분당구 산운로32번길 12

📞 031 - 781 - 3989

🕐 매일 11:30~21:00

🌙 명절 당일 휴무

강남점

🏠 서울 강남구 언주로107길 7

📞 02 - 569 - 8939

🕐 매일 11:30~21:30
　　(마지막 주문 20:50)

능라도

✏️ 평양냉면 12,000원

삶은 계란 반쪽이 지단으로 바뀌었다. '잠깐, 눈물 좀 닦을게 요.' 채 먹기도 전에 감동이 북받쳐 오른다. 이 책에서 다루는 서 른한 군데 가게 거의 대부분이 냉면에 삶은 계란을 올린다. 고집 의 이유를 헤아리기도 어렵지만 그것을 제대로 준비하는 곳이 없어 더 문제다. 으레 올리는 완숙 계란이 냉면과 어울리는 것도 아니고, 그렇다고 일본 라멘처럼 반숙을 올리기도 애매하다. 설 상가상으로 삶은 후 바로 식히지 않아 노른자 표면이 변색되어 있다. 차가운 국물에 너무 삶은 흰자가 한결 더 뻣뻣해질뿐더러 냄새도 유쾌하지 않다.(게다가 스테인리스 주발을 쓰는 곳이라면 그 냄 새마저 가세한다.) 따지고 보면 평양냉면의 최대 약점이다.

능라도도 그렇게 삶은 계란을 올렸었다. 변화가 반갑다. 계 란을 감안하더라도 좋은 냉면이었기에 더더욱 그렇다. 짠맛을 중심으로 감칠맛이 비교적 산뜻한 국물도 좋지만, 굵으면서도 부 드러운 면발이 능라도의 냉면에서 가장 밝게 빛나는 별이다. 다 만 그런 면과 비교하면 얇게 부쳐 가늘게 채친 계란 지단의 존재 감이 특히 질감 측면에서 밀리는 경향이 있다. 썰어 넣은 파는 어 디에도 어울리지 않으니 빠졌으면 좋겠지만, 이를 제외한다면 오 이와 무 모두 맛과 질감 양쪽에서 정확하게 만족스러운 한 그릇의 경험을 위해 면과 국물을 보좌한다.

그리고 여기에 백김치가 가세해 방점을 찍는다. 살짝 숨이 죽어 면과 지단의 질감과 비슷한 결로 흘러가면서 아삭함을 양념처럼 더한다. 또한 신맛으로 면의 심심함과 국물의 감칠맛 사이에서 이들을 한데 모아주며 균형을 잡는다. 단맛이 아예 개입하지 않는다면 더 바람직하겠으나 이만하면 아쉽지는 않다. 지점마다 존재할 수 있는 다른 지향점이나 완성도의 기복은 감안해야겠지만, 능라도의 냉면은 면과 국물부터 고명과 반찬까지, 한 그릇의 경험을 이루는 모든 요소가 빠짐 없이 설계와 계산의 산물인 듯 보인다. 그것이 우래옥, 봉피양과는 다른 지향점을 기준으로 견고한 완성도를 구현한다는 점에서도 의미 있다.

평가			
	면	●●●● ◌	부드럽고 순하다.
	국물	●●●◑ ◌	짠맛 중심으로 비교적 산뜻한 감칠맛.
	고명·반찬	●●●◑ ◌	맛을 완성해주는 백김치.
	접객·환경	●●● ◌ ◌	무난한 현대식 한식당.
	총평	●●●◑ ◌	또 다른 완성도의 가능성.

🏠 서울 강남구 강남대로128길 22

📞 02-539-3323

🕐 매일 10:00~02:00
   (휴식 시간 15:00~17:30)

🌙 일요일 휴무

✎ 평양물냉면 8,000원

배꼽집

냉면을 중심으로 메뉴가 짜인 곳이라면 상황과 배 속 사정에 따라 수육이나 만두, 빈대떡 등 일반적인 평양냉면 전문점의 기타 메뉴를 시켜 먹기도 한다. 하지만 기본 설정이 고깃집이라면 이야기가 달라진다. 고기를 반드시 먹고 냉면을 시킨다. 그래야 맥락 안에서 설정된 냉면의 온도이며 맛, 양 등의 다양한 요소를 좀 더 잘 이해할 수 있다. 물론 그런 요소들의 설정에 신경을 쓴 식당이라는 전제 아래 말이다.

배꼽집에서는 몇 가지 부위가 조금씩 나오는 모둠 메뉴를 먼저 구워 먹었다. 쇠고기 사이에서 줄을 세운다면 그래도 섬세한 축에 속할 한우 직화 구이를 먹고 난 뒤의 냉면은 어떠한가? 한 그릇에 8,000원이니 맛을 보지 않고도 얼마든지 만족할 수 있는 조건인데, 실제로 먹어보면 되레 이 가격이 일단 발목을 잡고 시작한다는 느낌이 든다. 식사로서는 적합할 수 있지만 고기를 먹은 뒤의 마무리로는 면의 양이 너무 많다.

게다가 설상가상으로 인상적인 맛을 내지 않아 금방 물려버린다. 국물에서는 단맛과 손을 잡은 감칠맛이 감돌았다가 면이 풀리면서 곧 사라져버린다. 켜, 조금 더 과장하자면 '허리'가 없는 국물이다. 먹기도 전에 학습된 관념부터 자극하는, 거뭇거뭇한 점(껍질을 섞어 색깔을 내는 옛 시절의 산물)이 보이는 면도 아리송하다. 보기에 그럴싸하고 적당히 시원하니 기본적인 완성도는 일정 수준 갖춘 듯 보이지만 맛을 보면 바로 기대가 꺼져버리는 모사품이다.

밋밋해서 금방 물리기는 하지만 딱히 나쁘다는 생각은 들지 않는 가운데, 고명이 최선을 다해 찬물을 끼얹는다. 고기와 얼갈이배추김치의 책임이 크다. 대강 찢어 얹은 듯한 고기는 질감의 측면에서, 그리고 싸구려 식초의 신맛과 단맛이 두드러지는 김치는 맛의 측면에서 그나마 육수와 면이 간신히 확보해 붙들고 있는 섬세함을 배신한다. 특히 후자는 예상 외로 단맛이 두드러지지 않는 반찬과 김치를 감안할 때 이해하기 힘든 맛이었다. 괜찮은 고깃집에서 모사한 평양냉면이 한 그릇에 8,000원이라는 이유만으로 긍정적일 수 있겠지만, 뒤집어보면 그런 상황에서 왜 평양냉면 같은 음식을 먹어야 하는지 납득시키지 못한다. '전문점'이 괜히 존재하는 게 아니고 고기 뒤의 식사가 굳이 평양냉면일 필요는 없다. 상호 등을 헤아려보면 기획력의 산물인 듯하다.

평가			
면	⬤⬤◯◯◯	보기는 좋다.	
국물	⬤⬤◯◯◯	스치고 지나가는 단맛과 감칠맛.	
고명·반찬	◖◯◯◯◯	얼갈이배추김치의 싸구려 신맛과 단맛	
접객·환경	⬤⬤◖◯◯	흔한 고깃집.	
총평	⬤⬤◯◯◯	최선을 다한 모사.	

양재점

🏠 서울 강남구 강남대로 252

📞 02-529-7763

🕐 매일 11:30 ～ 22:00
(휴식 시간 15:00 ～ 16:00,
토·일·공휴일 제외)

청담점

🏠 서울 강남구 압구정로79길 48

📞 02-2138-5311

🕐 매일 11:30 ～ 22:00
(휴식 시간 15:00 ～ 16:00)

로스옥

✎ 평양냉면 10,000원

프랜차이즈의 미덕은 한마디로 '일관된 중간'이다. 기분이 나쁠 수준만 아니라면 음식은 중간만 가면 되고, 분위기나 청결함 등 그 밖의 경험적 요소로 나머지를 갈음한다. 이런 미덕을 충실하게 구현하는 음식이 종류를 불문하고 흔치 않아 한국에서의 외식이 고통스러워진다. 그나마 삼원가든의 SG다인힐이 의외로 선전하는데, 양식보다는 한식이 전반적으로 조금 더 낫다. 한마디로 '고기를 먹는' 경험을 충실히 누릴 수 있다고 할까. 일단 갈 곳이 딱히 떠오르지 않는 상황에서 도움이 된다.

중간은 가는 프랜차이즈 고깃집에 평양냉면을 밀어 넣으면 빛이 날까? 일단 갖출 건 다 갖췄다. 딱히 맺힌 구석 없이 연한 면도, 쇠고기는 물론 돼지고기(삼겹살) 고명도, 심지어 이 책을 통해 소개하는 서른한 곳의 냉면집 가운데서도 단 네 군데만 시도하는 계란 지단마저 얹었다. 정체를 금방 헤아리기 어려운 중간 두께의 감칠맛의 켜가 뚜렷한 존재감으로 흐르는 국물도 음식의 몸통을 확보하는 역할은 그럭저럭 맡아 넘긴다.

다만 고깃집의 냉면임을 감안하면 생각이 조금 많아진다. 원래 로스옥의 고기는 얇게 저민 냉동 소 등심이었다. 모든 식재료에 걸쳐 '생'에 지나치게 집착하는 경향이 있지만 사실 고기는 냉동으로 인한 품질의 열화가 적다. 게다가 한식 직화 구이처럼 얇게 저며 불에 올릴 경우 재료의 낮은 온도가 일정 수준 과조리로부터 스스로를 방어하는 효과도 갖는다. 마지막으로 이런 과정을 거쳐 얇고 뜨겁게 구운, 불맛을 품은 고기가 냉면의 또 다른 고명으로 기능할 때 온도의 강한 대조를 앞세워 강한 상승 작용을 낳을 수 있다. 평양냉면 순수론자라면 치를 떨지도 모르지만 의외의 재미를 맛볼 수 있는 로스옥의 조합이었다.

그런데 최근 고기가 두꺼운 냉장 제품으로 바뀌며 이런 매력을 잃었다. 어쨌든 프랜차이즈이므로 경험의 총량은 떨어지지 않았다. 사실 고기의 품질이나 맛은 더 좋아졌을지도 모를 일이다. 하지만 고기 맛이 프랜차이즈 식당 방문의 주목적은 아닐 때가 많다. 나름 독창적일 수 있는 얇고 뜨거운 고기와 시원한 냉면의 조합이 과거지사가 된 건 아무래도 아쉬운 일이다.

평가			
면	●●◎◎◎	존재하고 먹을 수 있다.	
국물	●●◎◎◎	SG다인힐의 음식 전반에 흐르는 단맛을 감안하면 놀랄 정도로 달지 않다.	
고명·반찬	●●◎◎◎	"네가 무엇을 좋아하는지 몰라서 일단 다 준비해봤어!"	
접객·환경	●●●◐◎	고깃집으로는 미래를 바라보는 여건.	
총평	●●◎◎◎	예측 가능한 평양냉면의 모사.	

동무밥상

🏠 서울 마포구 양화진길 10

📞 02 - 322 - 6632

🕐 매일 11:30~21:00
(휴식 시간 15:00~17:30,
일요일 11:30~15:00)

🌙 월요일 휴무

✏️ 평양랭면 10,000원

음식의 원형이 존재하는가? 그렇다면 의미는 있는가? 분단이라는 제약 탓에 평양냉면도 이 질문으로부터 자유로울 수 없다. 만약 통일이 된다면 달라질까? 그렇지 않다고 본다. 북한에서 갈라져 나왔을 때에는 같았을지도 모르지만, 60년 넘는 세월과 그로 인한 격차가 미쳤을 영향이 더 클 수밖에 없다. 특히 경제적 격차를 감안해야 한다. '맑은 고기 국물'이라는 형용모순을 추구하느라, 평양냉면의 국물은 고기의 힘만으로 일정 수준 이상의 두툼함을 갖추기 어렵다. 이런 평양냉면의 태생적 제약이 경제적 제약에 의해 한층 더 강화되었을 가능성도 있지 않을까?

면도 마찬가지다. 같은 메밀 100퍼센트의 순면이라도 한국의 압출면과 일본의 수제 반죽면의 완성도는 다르다. 심지어 기성품으로도 일본제 메밀 순면을 살 수 있는 현실이다. 한국은? 메밀 면이라 이름 붙인 기성품은 대체로 메밀 함량 30퍼센트 정도에서 그친다. 말하자면 수준과 저변의 차이가 메밀처럼 결함 많은 재료의 잠재력을 뽑아내는 역량에도 영향을 미친다. 한마디로 '북한 대 한국'의 관계를 '한국 대 일본'에 대입해 헤아려보자는 말이다. 실제로 평양 옥류관의 냉면은 육안으로도 재료와 질감을 상당 수준 짐작할 수 있다. 메밀의 영향력이 크지 않을 가능성이 높다.

중국이나 동남아 몇몇 국가에서 북한 냉면의 실체를 확인할 수 있는 한편, 의외로 가까운 곳에서도 실마리를 찾을 수 있다. 옥류관 출신 탈북인이 차린 합정동의 동무밥상이다. 거의 유일하게 세세한 맛의 묘사보다 '직접 먹어보라'고 제안하고 싶다. 무엇보다 이것이 만일 평양냉면의 원형, 혹은 그에 근접한 음식이라면 과연 현재 남한의 평양냉면을 '가짜'로 치부할 명분이 있는지 모두가 고민해보면 좋겠다고 생각하기 때문이다.

평가		
면	⬤⬤◖◌◌	메밀 면〈소면.
국물	⬤⬤◌◌◌	의외의 매운맛.
고명·반찬	⬤⬤◌◌◌	최선을 다한 구색.
접객·환경	⬤◖◌◌◌	좁은 공간과 큰 텔레비전의 소음
총평	⬤⬤◌◌◌	복잡해지는 심경.

마포점

🏠 서울 마포구 삼개로 21

📞 02-702-1092

🕐 매일 11:30~22:00

서경도락

✎ 자가제면 평양냉면 10,000원

강남점

🏠 서울 강남구 도산대로 208

📞 02-512-1092

🕐 매일 00:00~24:00

"같은 메밀로 만든 막국수와 평양냉면, 어떻게 다를까요? 막국수는 거칠고 야성적인 맛이 특징입니다. 반면 부드럽고 담담한 깊은 맛이 바로 평양냉면의 정수입니다. 속 메밀가루로 직접 뽑은 '자가제면 평양냉면' (……) 평양의 풍류와 멋을 맛보실 수 있습니다." 서경도락의 소개 문구가 유난히 눈에 들어온다. 일단 음식 외적인 측면에서 바람직하다. 이렇게 잘 다듬은 한식 또는 한식당의 소개 문구를 보기가 정말 어렵기 때문이다. 대체로 주술 호응도 제대로 안 되는 엄청나게 긴 문장에, 내세우는 것도 케케묵은 재료의 효능이라 설득력이 떨어지기 마련인데 군더더기도 전혀 없고 전달하려는 내용도 확실하다. 웬 호들갑이냐고 할 수도 있겠지만, 언어의 체계가 잡혀 있지 않아 한식에 체계가 없다는 생각이 들 정도로 이 문제를 심각하게 여긴다. 언어를 통한 개념적 사고의 부족은 음식과 맛의 발전을 저해한다.

그렇다면 그만큼 설득력이 있을까? 그게 조금 미묘하다. 일단 "자가제면"에서 걸린다. 자가제면이 아닐 수 있다는 말이 아니다. 주방에 들어가보지는 않았지만 다르게 생각할 여지가 없다. 좁게는 메밀이라는 재료, 넓게는 냉면이라는 음식의 특성을 감안하면 자가제면이 유일한 길이다. 평양냉면 애호가에게는 차마

들먹이기 어려운 함흥(식)냉면도 면은 그때그때 뽑아낸다. 누구도 좀체 반기지 않는 건면이지만 메밀 면이라는 분류에 적합할 만큼 메밀 함유량이 높은 건 죄다 일본 제품이다. 결국 자가제면은 평양냉면 전문점의 숙명이다. 굳이 내세울 필요가 없다는 말이다.

각설하고 냉면을 살펴보자. 일단 묵직한 놋주발이 발산하는 청량감이 굉장히 좋다. 한국식 직화 구이는 생동감이 매력이지만 아무래도 뜨거울 수밖에 없다. 달아오른 얼굴을 식힌다는 이유 하나만으로도 냉면은 훌륭한 마무리가 될 수 있다. 그러나 아쉽게도 맛은 기대에 못 미친다. 소개 문구를 참고하자면 부드럽고 담담하지만 깊지는 않다. 면은 살짝 단단한 느낌이지만 괜찮은 반면, 국물은 감칠맛의 자기주장이 다소 약하고 켜가 확실하지 않다. 특히 고기를 먹은 뒤라면 청량감이 일정 수준 끌어주지만 켜가 맞물리는 깊이가 떨어져 금방 물린다.

어느 정도는 음식의 정체성 자체가 미치는 영향이라고 볼 수 있다. 평양냉면이라고 공감대가 형성된, 실제로 통용되고 있는 음식의 맛이 직화 구이, 특히 양념에 재운 고기의 마무리로서 '씻어주기'에는 조금 역부족일 수 있다는 뜻이다. 하지만 이를 감안하더라도 서경도락의 냉면은 의지나 깔끔한 만듦새만큼 맛이 섬세하지는 않다.

평가			
면	●●●◌◌	깔끔함이 미덕.
국물	●●◖◌◌	역시 깔끔하지만 정체성이 부족.
고명·반찬	●●◌◌◌	구색은 갖췄다.
접객·환경	●●●●◌	능동적으로 친절하다.
총평	●●◖◌◌	최선은 다한 것 같지만 깔끔함으로 보이지는 않는 공허함.

🏠 서울 강남구 학동로 305-3

📞 02-515-3469

🕐 매일 11:00~21:30
  (마지막 주문 21:10)

🖊️ 냉면 11,000원

진미평양냉면

진미평양냉면은 논현동 평양면옥의 주방장 임세권 씨가 독립해 2016년 3월 문을 연 곳이다. 게다가 논현동 평양면옥과 1.2킬로미터밖에 떨어져 있지 않아 더욱 용이하게 비교가 가능하다. 평양냉면은 국물을 빼면 크게 배부른 음식이 아니니 경우에 따라서 한 끼에 맛을 비교해볼 수도 있다. 한 곳에서 먹고 슬슬 걸어 다음 곳으로 이동해 한 그릇 더 먹는 것이다. 그럴 경우 논현동 평양면옥을 먼저, 이곳을 나중에 들르는 걸 권한다. 이동 경로가 오르막이라는 불편함은 있지만 맛의 차이를 확실히 느낄 수 있다.

평가 역시 좋든 싫든, 원하든 원하지 않든 비교를 거치게 되는데, 좋게 말해 논현동 평양면옥의 한 그릇보다 깔끔하지만 그만큼 힘이 없고 처지는 냉면이다. 국물은 감칠맛이 덜한 만큼 거친 여운이 오래 가지는 않지만, 형언하기 어려운 찝찔함을 살짝 머금고 있다. 냉면을 먹는 데 방해가 될 정도로 거슬리지는 않지만 확실히 감지할 수 있는 맛의 특징이다. 한편 면도 조금 더 축축한 가운데 무엇보다 소금 간을 전혀 하지 않았는지 고소함이 잠재력을 완전히 발휘하지 못하고 고개를 숙인다. 총체적으로는 다소 미약한 인상을 남긴다. 그런 가운데 절인 가시오이의 풋내가 의외로 강하게 두드러진다. 좋은 조합은 아닌 것이다.

'논현동 평양냉면과 비교해보니 열등하다.'는 평가로 결론지으려는 것이 아니다. 그보다 어떤 의사 결정 과정이 정확히 이런 맛으로 귀결되었는지 궁금할 뿐이다. 처음 문을 열었을 때 이런 인상을 받고 약 2년 만에 다시 찾았는데 똑같은 인상이었다. 과연 이것이 최선이었을까? 원래는 정확한 복제를 목표로 삼았지만 기록된 자료로 전수되지 않은 요인이 영향을 미쳐 이런 맛이 나온 걸까? 20년 상당의 경력으로 같은 계보에 속할 수는 있어도 족보에 이름을 새길 수는 없다면, 축적된 경험을 바탕으로 자신만의 냉면을 만드는 편이 더 낫지 않을까?

최근 맞은편 건물에 별관을 마련했는데, 본관의 주방에서 음식을 무엇으로도 덮지 않은 채 쟁반에만 담아 옮기는 걸 보고 놀랐다.

평가			
	면	🥣🥣🥣🥣🥣	질감은 좋지만 간이 안 되어 밍밍하다.
	국물	🥣🥣🥣🥣🥣	스포츠 이온 음료?
	고명·반찬	🥣🥣🥣🥣🥣	풋내 나는 가시오이.
	접객·환경	🥣🥣🥣🥣🥣	인파가 약간 소화되지 않는 느낌.
	총평	🥣🥣🥣🥣🥣	20년으로도 어려운 음식, 평양냉면.

금왕평양면옥

🏠 서울 송파구 위례성대로16길 23

📞 02-6248-1176

🕐 매일 11:30~22:00

✏️ 물냉면 10,000원

참으로 헛갈리는 한 그릇이다. 국물만 놓고 보면 요령 같은 건 전혀 부리지 않은 듯하다. 묵직하고 덤덤하다 못해 준엄할 정도이다. 그런데 면은 정반대다. 희끄무레한 색깔에 "두 번 거른 메밀 속살을 손반죽한다."는 매장의 설명까지 감안하면 부드러울 것 같지만, 실상 딱딱하다. 처음 받아 들어 한 젓가락 집어 올렸을 때는 온도 탓이라고 생각했다. 평양냉면은 면을 삶아서 찬물(혹은 얼음물)에 식힌 뒤 찬 국물에 만다. 금왕평양면옥의 국물은 이 책에서 다루는 곳들 가운데서도 차가운 축에 속한다. 그러니 처음에는 단순히 꼬들거린다고 생각했다. 그런데 만두, 제육 등 다른 음식과 함께 먹는 내내 면의 질감은 일관되게 딱딱했다. 이빨로 끊을 때의 느낌은 밀가루보다는 전분에 가까운, 당면 같은 질감이었다. 이런 질감이 국물을 제외한 모든 요소의 소금 간 부재와 맞물리니 전체의 경험이 단조로웠다. 고명도 편육을 빼고는 다분히 장식적이었다.

그나마 냉면은 준수한 편이다. 다른 음식까지 생각해보면 한층 더 헛갈린다. 차갑게 식혀 나오는 수육은 살코기가 부스러질 정도로 퍽퍽하고 딱딱한데, 이를 감안하지 않고 두껍게 썰었다. 불과 260미터 거리에 벽제갈비-봉피양이 위치해 있기도 해서 보다 쉽게 비교되고 크게 차이 나는 완성도였다. 한편 터지기 직전인 상태로 식탁에 등장한 만두는 거의 먹지 못했다.

평가			
	면	⬤⬤◯◯◯	당면인가?
	국물	⬤⬤⬤◖◯	준엄하다.
	고명·반찬	⬤⬤◖◯◯	두툼하지만 부드러운 쇠고기.
	접객·환경	⬤⬤◖◯◯	무난한 한식당.
	총평	⬤⬤◖◯◯	헷갈리는 냉면.

🏠 경기 부천시 상이로85번길 32

📞 032-324-8600

🕐 매일 11:00~22:30

✏️ 평양냉면 10,000원

삼도갈비

돼지갈비가 익는 동안 벽에 붙여놓은 안내 문구를 읽는다. "삼도갈비의 평양냉면을 처음 즐기시는 분께 1. 메밀 함량이 높은 면은 툭툭 끊기는 식감을 자랑합니다. 2. 국물은 첨가물을 넣지 않아 밍밍합니다." 대강 이런 내용이었는데 막상 냉면을 먹어보니 실제 인상은 다르게 다가왔다. 일단 면이 "툭툭 끊기"지 않았다. 그 자체는 문제가 아니지만 딱딱했고, 맛까지 감안하면 밀가루 비율이 높다는 느낌이었다. 한편 국물도 딱히 밍밍하다고는 볼 수 없었다. 가게마다 조금씩 다르지만 서늘함에서 차가움 사이의 온도로 설정된 냉면 국물은 실제 간보다 덜 짜게 느껴진다는 점도 감안해야 한다.

그래서 의문을 품었다. 대체 이런 음식의 언어는 누가 끌어온 것일까? 이 책에서 짚어보는 서른한 개 음식점 가운데 실제로 '툭툭' 끊기는 면을 내는 곳은 거의 없다. 순면이라면 모를까, 일반 면의 비율로 통하는 메밀 8 대 전분 2(혹은 계절에 따라 7 대 3)만 되더라도 그렇게 쉽게 끊기지 않는다. 글루텐을 함유한 일반 밀가루로 뽑은 면보다 저항이 적을 뿐이다. 더군다나 이 비율을 실제 기준으로 삼는 곳이 많지도 않다.

그렇다면 평양냉면 바깥의 세계에서는 제대로 된 메밀면이 흔히 유통되고 있을까? 일본에서 영향을 받은 메밀국수(또는 소바) 전문점을 표방하는 곳에서 쓰는 면이 실제로는 메밀의 껍질을 태운 가루를 섞어 색을 과장되게 낸다는 사실이 알려진 지도 오래되었다. 이런 사실들을 종합해보면 꼭 따라야 할 미덕이 아니고 미덕이라고 해도 실존하지 않으며, 대다수가 구현하려 도전하지 않는 특성을 환상이나 신화처럼 떠받들고 있는 셈이다. 하물며 고깃집에서 툭툭 끊기는 면에 집착할 이유는 더더욱 없다.

이곳의 냉면은 나름의 미덕을 갖췄다. 한계는 분명히 보이지만 요령을 부려서 얻은 결과로는 보이지 않는다. 지향점이 분명히 존재하고 그에 맞춰 나름의 견고한 냉면을 낸다. 하지만 그것 자체가 전체의 맥락에 썩 잘 어울리지 않는다. 아무래도 가장 큰 원인은 고기 양념과 냉면의 맛 사이에 존재하는 간극이다. 한국의 고기, 특히 양념한 고기는 소금보다 간장과 설탕 위주로 간을 맞추는 분명한 문법을 엄수한다.

삼도갈비의 양념 역시 간장이 합류하는 단맛이 맛의 기본을 이루고, 직화(특히 숯불)로 익으면서 폭발적인 맛을 피운다. 한국식 직화 구이의 전형이라고 할 만한 맛이고 웬만한 국물의 냉면이 씻어주기에는 역부족일 가능성이 매우 높다. 한편 삼도갈비의 냉면은 단순히 짠맛에 감칠맛이 거드는 형식으로 설계되어 있는데, 이를 '밍밍함'이라 일컬으며 홍보 문구로 내세웠다. 그러나 실상 그 밍밍함이란 간이 좌우하는 음식 표정의 세기와 켜를 비롯한 세부 사항의 부재와 다르지 않다. 직화 구이의 맥락 끝에 등장하는 냉면의 국물이 밍밍해서도 안 되겠지만 밍밍하다고 할 만큼 간이 약하지도 않다. 이 모두를 고려해보면 밍밍함을 음식, 더군다나 평양냉면의 미덕으로 내세우는 시도를 바람직하다고 보기 어렵다.

이 책에서 다룬 고깃집의 냉면으로서는 가장 훌륭하지만, 고기의 마무리로서는 된장찌개와 밥의 기본 조합에 구색을 갖추는 요소 이상으로 올라서기가 어렵다. 냉면을 위해 찾지는 않을 것 같고, 고기를 먹으러 가서도 냉면을 선뜻 고르지는 않을 것 같다는 말이다.

평가			
면	●●●◌◌	단단하다.	
국물	●●●◌◌	짠맛 위주의 단조로움.	
고명·반찬	●●◑◌◌	기능보다 미.	
접객·환경	●●●◑◌	기능적으로 준수한 고깃집.	
총평	●●●◌◌	준수하지만 고깃집의 맥락에서는 이질적인 한 그릇.	

🏠 서울 종로구 돈화문로5길 42

📞 02-747-9907

🕐 매일 09:30~21:30

✏️ 평양냉면 11,000원

능라밥상

능라밥상은 『북한식객』의 저자 이애란 박사의 음식점이다. 책의 소개에 의하면 "가장 성공한 탈북인 가운데 한 사람"이라는데 냉면도 성공적일까? 그렇다. 다만 그동안 남한에서 유통된 평양냉면과 결은 확연히 다르다. 고기 국물과 섞였다고는 하지만 동치미의 존재감이 굉장히 강하다. 짠맛을 중심으로 끝에서 두툼함이 퍼지는데, 책을 읽어보면 이해하기가 한결 낫다. "실제로 평양냉면을 마는 데 쓰는 육수는 쇠고기를 끓이는 것이 아니라 소의 뼈와 힘줄, 허파, 콩팥, 천엽 등 내장을 푹 곤 것으로 국물이 너무 맑고 투명해 평양사람들은 '맹물'이라고 부르기도 했다."• 라는 이야기가 나온다. 이런 국물이 바탕이라면 책과 메뉴에서 한결같이 설명하는 것처럼 고기 국물과 동치미 국물을 7 대 3의 비율로만 섞더라도 후자의 맛이 훨씬 두드러질 가능성이 높다.

국물에 비해 면은 가늘고 섬세한 편이라 살짝 밀리는 느낌이지만, 곱게 채친 오이와 서로 보완해주는 질감이 좋다. 을밀대를 빼놓으면 유일하게 얼음이 국물에 섞여 나오지만 전혀 이질감이 없다. 단맛이 거의 없는 백김치와 맛의 조합이 좋지만 동치미의

• 이애란, 『북한식객』(웅진 리빙하우스, 2012), 115쪽.

신맛, 감칠맛과 겹치는 경향이 있다. 없더라도 크게 처지는 경험이 될 것 같지는 않다. "화학조미료와 첨가제를 쓰지 않는다."고 써붙인 것처럼 결이 사뭇 다르고, 친절하거나 붙임성 있지는 않는 맛이다. 하지만 경영 원칙에서 내세우는 정직함이 발목을 붙들지 않을 정도로 맛을 내는 요령과 완성도를 갖춘 한 그릇이다. 직화 구이 고기 식사의 마무리로도 잘 버틸 것 같고, 여름보다 겨울에 먹으면 더 맛있을 것 같은 냉면이다.

평가			
	면	🍜🍜🍜🍜◗◖	가늘고 섬세한 면.
	국물	🍜🍜🍜◖◖	동치미의 우직함.
	고명·반찬	🍜🍜🍜🍜◖	발군의 백김치와 오이채.
	접객·환경	🍜🍜🍜◖◖	평범과 무난.
	총평	🍜🍜🍜🍜◗◖	완성도 높은 정직한 맛.

🏠 서울 강남구 논현로 71길 18

📞 02 - 568 - 5114

🕐 매일 11:30～21:00

✏️ 평양냉면 9,000원

평양옥

소위 '계보'가 양념, 아니 고명처럼 따라붙는 평양냉면의 세계다. 바람직한 현상일까? 적어도 먹기 전에 계열에 따라 맛을 일정 수준 예상할 수 있다는 점에서는 긍정적일 수 있다. 2018년에 문을 연 평양옥은 우래옥 주방 출신이 열었다고 하니, 굳이 분류하자면 '우래옥 계열'이라 할 수 있겠다. 다만 우래옥의 맛을 계승한다고 단언하기는 어려운 냉면을 낸다.

일단 국물부터 확연히 구분된다. 여운을 억지로 끊으려는 뭉근한 단맛 없이 짠맛에 기대었다는 점에서 뿌리를 희미하게 짐작할 수는 있지만, 우래옥의 그것처럼 육향을 진하게 풍기지도, 무겁지도 않다. 굳이 비교하자면 우래옥의 냉면 국물에서 간장을 적극적으로 뺀 느낌인데, 조금 과장을 보태자면 긍정적인 의미에서 '솔직하다'는 표현이 어울릴 정도로 뒷맛도 매우 깔끔하다. 마늘 같은 오신채부터 과도한 고춧가루나 화학조미료 탓에 한식의 뒷맛은 대체로 텁텁하거나 불쾌하다. 평양냉면도 텁텁함에서 자유롭지 않은 가운데, 평양옥의 냉면 국물은 드문 예외이다. 보란 듯 제분기를 내놓고 뽑는 메밀 100퍼센트의 '순면'도 국물이 깔아놓은 솔직함의 멍석 위에서 고소함과 신선함을 또렷하게 발산한다.

면과 국물, 평양냉면의 양대 주요소가 각각 훌륭하지만 부요소와 함께 어우러지면 다소 아쉽다. 일단 국물에 간의 100퍼센트를 의존하는 맛의 설계가 가장 큰 원인이다. 대부분의 '전통'적인 평양냉면 전문점에서는 메밀 반죽이나 면 삶는 물에 간을 하지 않는다. 반죽이든 삶는 물이든 어느 한쪽에는 대체로 간을 하는 세계 국수 문화의 문법을 감안하면 의외라고 할 수 있는데, 면과 국물을 함께 먹고 있노라면 두 요소 사이에서 느껴지는 간의 격차가 꽤 크다. 경우에 따라서는 '슴슴하다'는 착시 현상을 일으킬 수도 있다. 그나마 면의 표정이 워낙 또렷하고 생생해 간의 부재를 최대한 상쇄해준다.

　　평양냉면에는 많은 반찬이 필요 없다고 생각하기는 하지만, 평양옥의 식탁에 오르는 열무김치는 생각의 여지를 안긴다. 잘 익은 김치는 시원함과 감칠맛으로 면과 국물이 공통적으로 품은 솔직함을 한층 더 돋워줄 잠재력을 지녔다. 단 적절히 익었을 때 가능한데 쉬운 일은 아니다. 발효 식품의 특성과 넘치는 수요, 공짜 반찬이라는 편견까지 맞물려 무늬만 김치인 숨 죽은 채소가 허겁지겁 식탁에 오르는 경우가 흔하다. 평양옥의 열무김치 역시 익지 않은 탓에 쓴맛이 오히려 냉면을 압박한다. 잘 익었다면 평양옥의 냉면이 갖춘 미묘함을 살려줄 요소로 제 몫을 충분히 할 것 같아 아쉬웠다.

평가			
면	⬬⬬⬬⬬⬭	고소하고 신선하고 또렷한 순면.	
국물	⬬⬬⬬⬬⬭	긍정적인 의미에서 깔끔함과 솔직함이 돋보인다.	
고명·반찬	⬬⬬⬭⬭⬭	삶은 계란보다 지단이 더 잘 어울릴 것 같다.	
접객·환경	⬬⬬⬬⬭⬭	기능적인 대중음식점.	
총평	⬬⬬⬬⬬⬭	9,000원에 먹을 수 있는 순면.	

평화옥

인천공항점

🏠 인천 중구 공항로 272

📞 032 - 743 - 8635

🕐 매일 06:00~22:00

✏️ 평양냉면 15,000원

삼성점

🏠 서울 강남구 테헤란로 517
현대백화점무역센터점 10층

🕐 매일 10:30~22:00
(마지막 주문 21:00)

✏️ 평양냉면 12,000원

평화옥의 냉면을 제대로 헤아리려면 조금 먼 길을 돌아와야 한다. 소위 '모던 한식'의 선구자라는 임정식 셰프의 프로젝트이기 때문이다. 매체에서 앞다투어 임정식 셰프의 정식당을 '한식의 미래'라 찬사를 쏟아냈지만, 나는 장르라면 장르일 모던 한식의 지속 가능성에 대한 의구심을 한순간도 떨쳐본 적이 없다. 무엇보다 음식과 맛에 대한 개념적인 이해가 충분히 뒷받침되지 않는다고 분석했기 때문이다. 첫째, 스페인을 비롯한 서양의 현대 요리에서 재료만 치환하는 방법론을 따른다. 둘째, 그 과정에서 음식을 일종의 '오브제'로 취급해 맛보다 담음새 등의 시각적 요소를 중시하는 경향이 드러난다. 요컨대 '다르기 위한 다름'을 추구하는 음식이 정식당이 지금껏 선보여온 모던 한식이다.

냉면을 비롯해 좀 더 전통적인 한식의 문법에 충실한 음식을 내지만 이것을 '뿌리로 돌아오려는 시도'라 보기 어려운 이유도 그 다름에 집착한다는 생각을 지울 수 없기 때문이다. 냉면을 받아 들면 금방 감지할 수 있다. 왜 굳이 고기 고명만으로 사리를 아예 덮다시피 해서 냈을까? 고기의 존재가 거슬린다기보다, 그를 위해 다른 채소류 고명이 희생된 듯 보이기 때문이다. 음식점마다 재료의 종류나 처리가 조금씩 다르지만 대개 고명이 집합적으로 맡는 역할이 있다. 심심하고 단조로울 수 있는 면에 조금씩 다른 맛과 아삭함 위주의 질감으로 변화를 주는 것이다. 말하자면 반찬의 응집 또는 축소판이 바로 고명이다.

한 그릇에 15,000원이라는, 평양냉면치고도 높은 가격을 정당화하기 위한 제스처라거나, 고기에 싸 먹는 면의 조합을 강조하려는 의도일 수도 있다. 하지만 그렇게 호의적으로 받아들이기에는 고명이 완전히 부재하여 고기의 단점이 두드러질 수밖에 없다. 임정식 셰프의 음식은 이러한 방식을 고수해왔다. 지금껏 존재하는 것의 개념적 이해를 바탕으로 새로운 것을 시도하는 게 아니라, "벽에 던져서 달라붙는 게 무엇인지 본다.(Throw it against the wall and see what sticks.)"는 심정으로 이것저것 시도해 그럴싸해 보이는 것을 내놓는다. 그리하여 평화옥이라는 프로젝트 또한 뿌리로 회귀하려는 시도라기보다 오래전에 한계에 이른 '뉴코리안'*의 돌파구로 보인다.

고민 끝에, 평화옥의 냉면에는 점수를 매기지 않기로 했다. 몇 가지 이유가 있다. 첫째, 최근 서울에 2호점을 열기는 했지만

●   정식당의 모토이자 현대적인 한식을 표방하는 음식과 셰프에 붙이는 수식어. 실체도 개념도 정립되지 않았다고 믿지만 현재 장르처럼 유통되고 있다.

리뷰를 할 시점에는 매장이 인천공항 제2터미널에만 있었다. 멀기도 멀지만 공항에서도 특정 항공편을 이용하는 이들에게만 접근 가능한 환경인데, 출국 계획이 없는데도 찾아갈 필요는 없다. 둘째, 냉면 포함, 먹어본 음식의 완성도가 너무 떨어졌다. 구색만 간신히 갖추는 찌든 반찬도 그렇고, 식욕을 떨어뜨리는 돌기를 벗겨내지 않은 소 혀가 들어간 곰탕 등도 그랬다. 모든 걸 감안하면 평가는 'F fail' 또는 'I incomplete'라는 의미이다.

덧붙여 현대적이고 고급스러운 평화옥의 여건과는 너무나 어울리지 않는 설정이 있다. 바로 석재 상판 식탁의 옆에 붙은 수저 및 냅킨 서랍이었다. 이 책에서 다루는 음식점 대부분이 공동 수저통을 식탁 위에 놓고 쓴다. 하지만 스스로를 고급이라 자처하는 태가 나는 곳에서는 예외 없이 주문 이후 포장된 수저를 가져다준다(우래옥, 봉피양 등). 심지어 별도의 접시에 담아 가져오는 곳도 있다(능라도). 하지만 냉면 한 그릇에 15,000원으로 비非순면으로서는 최고가인 평화옥은 서랍에 수저를 두어 모든 방문자가 무차별적으로 만지도록 방치한다. 식탁에 딸린 수저 서랍은 한국 식문화가 대를 물려 계승할 전통이 아니다. 이런 자질구레하다면 자질구레한 요소들에 좀 더 세심히 신경 쓸 필요가 있다.

4

느슨하게 평냉

평양냉면의 문법을 차용한
메밀 면 요리

🏠 서울 마포구 마포대로12길 50

🕐 월~금요일 11:30 ～ 20:30,
　　토요일·공휴일 11:30 ～ 14:00

🌙 일요일 휴무

✎ 100%메밀냉면 11,000원

무삼면옥

무삼면옥은 평양냉면 전문점인가. 그럴 수도 있고 아닐 수도 있다. 일단 스스로는 아니라고 말한다. 주인의 고향이자 메밀 산지인 강원도 춘천 봉화산 인근의 가정자 마을에서 만들어 먹던 메밀냉면의 명맥을 이어받았다고 소개한다. 하지만 메밀 면과 맑은 국물의 조합이니 문법적으로는 좋든 싫든 현재 통용되고 있는 평양냉면의 범주에 속할 수밖에 없다. 게다가 무삼면옥의 냉면을 이해하려는 시도는 한국의 평양냉면 전체를 이해하는 데도 실마리를 제공한다.

상호가 '무삼無三'이다. 설탕, 화학조미료, 색소라는 세 가지를 쓰지 않겠다는 의지가 반영되었다. 그렇다 보니 슴슴하다 못해 심심하고 한발 더 나아가 밋밋할 수도 있다. 그런 맛 탓에 호불호가 심하게 갈리는 편이고, 골목길로 찾아가야 하는 위치나 규모까지 감안하면 '무사'면옥 아니냐는 농담도 한때 나왔다. 세 가지 요소는 물론 손님마저 없다는 의미이다.

향이 날아갈 것을 우려해 찬물로만 반죽해서 뽑는다는 메밀 100퍼센트의 면에는 딱히 아쉬운 구석이 없다. 어차피 상호에 확고하게 반영된 '무삼'의 기치에 큰 영향을 받지 않는 요소이다. 고민은 국물이 안고 있다. 원래 평양냉면의 국물은 일종의 모순

이다. 고기 국물이지만 차갑게 먹어야 하므로 뜨거운 국물의 감칠맛이나 만족감에 결정적인 지방이나 젤라틴을 근본적으로 배제해야 한다. 그래서 화학조미료의 감칠맛, 더 나아가 포도당 등의 감미료가 내는 단맛에 일정 수준 의지할 수밖에 없다. 실제로 일본에서 들어온 화학조미료 아지노모도味の素가 평양냉면의 발달과 확산에 결정적인 역할을 했다는 게 정론으로 통한다. 이렇게 적은 양으로 큰 영향력을 미칠 수 있는 조미료의 개입을 원천 봉쇄하니 투박함과 밋밋함이 국물에 확연히 깔려 있다. 간도 아주 강한 편은 아니어서, 종종 '내가 지금 뭘 먹고 있는 거지?'라는 생각이 들 때도 있다.

그래서 확실히 고민을 안긴다. 이런 음식도 의미가 있는 걸까? 이런 고민 때문에 무삼면옥은 역설적으로 그 존재 의의를 확보한다. 화학조미료든 설탕이든 잘 혹은 효율적으로 쓰는 예를 쉽게 찾을 수 없는 현실의 적나라한 거울상 역할을 하기 때문이다. 어떤 의미에서든 평양냉면에 관심이 있다면 한 번쯤 먹고 고민해봐야 할 한 대접이다.

평가			
	면	◗◗◗◗◗	고소하고 신선하고 또렷한 순면.
	국물	◗◗◗◗◗	투박함과 밋밋함, 누구의 손을 들어줄 것인가.
	고명·반찬	◗◗◗◗◗	솔직함과 우직함 사이.
	접객·환경	◗◗◗◗◗	동네 식당.
	총평	◗◗◗◗◗	한번은 맛봐야 할 컬트 냉면.

🏠 서울 중구 세종대로21길 53

📞 02-738-5688

🕐 매일 11:30~22:00
(휴식 시간 14:30~17:30)

🌙 일요일 휴무

✎ 평양냉면 10,000원

광화문국밥

맛을 책임지는 박찬일 셰프, 즉 실무자의 표현을 그대로 빌리면 광화문국밥의 냉면은 "내가 먹어본 냉면을 토대로 구현하다 보니 이 집 냉면 같기도 하고 저 집 냉면 같기도 한 '잡종 냉면'"이다. 이를 평론가의 언어로 풀어내면 '현존하는 평양냉면의 각종 양태를 파악하고 서양, 특히 이탈리아 음식의 요리사로서 소화 및 흡수한 뒤 본능적인 한국인의 감각으로 풀어낸 냉면'이다. 특정 계보를 따르지는 않는 가운데, 서양 요리의 방법론 및 현대 조리 기술의 힘을 빌려 현대화한 냉면이라는 말이다.

현대화의 손길은 면에서 가장 돋보이는데, 열쇠는 소금이다. 모든 음식과 맛의 기본이자 핵심인 소금이 신기하게도 평양냉면의 면에서는 간과되는 경향이 있다. 소면부터 파스타에 이르기까지, 웬만한 세계의 면에는 반죽에든 삶는 물에든 소금이 반드시 개입한다는 사실을 감안하면 신기할 정도다. 광화문국밥에서는 면의 반죽에 소금을 쓸 뿐만 아니라 삶는 물에도 간을 해 면과 물, 두 체계의 염분에 일정 수준 균형을 잡아준다. 그 결과 꼬들거리는 동시에 부드러운 질감의 형용모순적 가치를 구현한다. 다른 한편, 맛에서도 또렷함이 한 켜 더 깔려 맑지만 짠맛과 감칠맛이 분명한 국물과 잘 어우러진다. 일반 면은 메밀 함량이 80퍼센트 이상, 순면은 95퍼센트 이상이며 전분과 함께 통밀이 조금 섞여 구수한 맛을 보태고 질감의 재미도 추구한다.

자칭 '잡종'치고는 면과 국물의 자기 성격이 분명한 가운데, 많은 평양냉면에서 습관적인 답습에 그쳐 아쉬운 고명이 사실 광화문국밥 냉면의 진정한 매력이다. "관리의 측면에서도 삶는 것보다 낫다."는 지단은 곱고 하늘하늘해 면과 잘 어울리고, 저온 조리로 부드럽게 익힌 돼지고기는 질감도 잘 묻어나지만 육수의 부산물이 아니라는 점에서도 의미 있다. 설계자는 "먹어본 것을 머릿속에서 손으로 풀어낸 굉장히 거친 냉면"이라고 겸손하게 표현하지만 그야말로 맛의 '설계'라는 표현이 어울리는 한 그릇 의 완결된 음식이다.

평양냉면이라는 울타리 안에 다양한 양태의 면 요리가 존재 하므로 광화문국밥의 냉면을 꼭 집어 '평양냉면 혹은 더 나아가 한식의 미래'라고 규정하기에는 분명히 무리가 있다. 하지만 다 소 허허실실해 보이는 이 한 그릇이 품고 있는 한식 현대화의 방 법론은 확실히 음미해볼 가치가 있다.

평가			
	면	●●●●○	일반 면도 순면 수준.
	국물	●●●●○	맑지만 확실한 감칠맛.
	고명·반찬	●●●●●	현대화의 정점.
	접객·환경	●●●◐○	신속한 접객과 1인 식사 가능한 환경은 장점, 소음은 단점.
	총평	●●●●○	현대화된 평양냉면- 한식의 표본.

🏠 경기 용인시 수지구 이종무로 119

📞 031-263-1107

🕐 매일 11:00~21:00
　(마지막 주문 20:30)

🌙 화요일 휴무

📝 비빔막국수 7,000원

고기리 장원막국수

막국수가 결국 냉면과 동일한 음식이라는 주장이 있다.[*] 평안도 출신인 백석의 시에 등장하는 국수가 냉면과 동일한 음식임이 밝혀졌듯, 막국수 역시 냉면과 동일한 음식이라는 요지이다. 메밀 면과 동치미 국물의 만남만 생각하더라도 무리가 없는 주장이다. 그래서 막국수도 한 그릇 포함시켰다. 실제로 장원막국수에서는 "물막국수는 평양냉면과 똑같아요."라고 설명한다.

막걸리, 막회, 그리고 막국수. '막'이라는 접두어는 '거친 상태' 혹은 '대강 만듦'과 같은 양태의 의미를 품는다. 그래서 한편으로는 만듦새나 외관 같은 세부 사항에 무관심한 한식의 전반적인 경향을 비호한다는 생각도 드는데, 적어도 장원막국수에서만은 그런 걱정을 전혀 할 필요가 없다. 막국수라는 이름을 단 것치고 너무나도 깔끔한 음식이 등장하기 때문이다. 정말 깜짝 놀랄 만큼의 깔끔함이다.

장원막국수의 '깜짝 요소^{wow factor}'는 여기에 그치지 않는다. 그렇게 깔끔해 보이는 것에 비해 국물이 지나칠 정도로 두툼하고 감칠맛을 깊게 머금고 있다. 그래서 고민 끝에 '느슨하게 평냉'

---

[*]　박찬일, 『노포의 장사법』(인플루엔셜, 2018), 76쪽.

에 포함시키기로 결정한 것인데, 사실 100퍼센트 긍정적이지는 않다. 두툼하다 못해 균형이 좀 안 맞는 느낌이고, 뒷맛도 그렇게 깔끔하지 않다. 기대만큼은 인상적이지 않지만 살짝 단단하면서도 섬세함을 머금은 면의 기를 죽이고도 남는다.

한편 이 한 그릇만으로는 완성된 음식이라고 보기 어렵다는 점을 짚어낼 수 있다. 그나마 조금 지분을 지닌 배를 빼놓으면 고명은 기능보다 미적인 역할에 집중하고 있으니 궁극적으로는 면과 국물만 남는다. 그리고 이 둘만의 조합으로는 맛도 양도, 그리고 질감마저도 허전하다. 하지만 다행스럽게도 그 외의 요소가 갈음을 하고도 남는다. 일단 배추 물김치가 있다. 많은 노포 평양냉면 전문점에서 마지못해 내놓는 듯한 모양의 (그러나 실제 그보다 좀 더 나은 맛을 지닌) 배추김치의 업그레이드 버전으로, 적당한 신맛과 완전히 숨이 죽지 않은 속대의 적당한 아삭함이 맛의 균형도 잡아주고 질감의 다채로움도 불어넣는다. 국물을 맛보면 매운맛이 균형을 깰 만큼 강하다는 느낌이지만, 적어도 김치만은 이 책에 소개된 어느 곳보다 훌륭한 반찬이다.

여기에 잘 삶아 따끈하게 내오는 돼지고기 수육을 더하면 그제서야 음식이 완결성을 갖춘다. 고기와 면의 어울림도 좋지만 수육이 지나치다 싶은 국물의 감칠맛에 완충재 역할도 맡는다. 수육 '소'가 12,000원이니 비싸지는 않지만 기본 막국수 한 그릇이 7,000원임을 감안한다면 애초에 음식의 설계가 약간 교묘하게 되어 있다는 생각마저 든다. 그나마 일정 수준의 완성도를 갖추었기에 내릴 수 있는 평가이다.

평가			
면	◖◖◖◗	단단하면서도 섬세하다.
국물	◖◖◗	지나친 감칠맛.
고명·반찬	◖◖◖◖	장식으로서의 고명, 빼어난 배추김치.
접객·환경	◖◖◖	가정집 개조 공간의 한계.
총평	◖◖◖	완성도 있지만 자체만으로는 미완성인 맛.

'평냉'의 미래

지면을 할애해야 마땅하지만 현재 메뉴에서 빠졌기 때문에 눈물을 머금고 뺀 한 사발이 있다. 바로 신라호텔의 한식당 라연의 냉면이다. 2015년, 식사의 끝에 등장하는 선택 메뉴로 맛보았다. 맑고 잡맛 하나 없는 깔끔한 국물에, 하늘하늘한 메밀 면이 고명으로 올라간 (노른자는 빠진) 계란 흰자와 아름답게 어우러져, 냉면은 물론 한식의 미래로도 손색이 없었다. 광화문국밥의 냉면과 더불어 한식 현대화의 의미 있는 실마리라고 생각해 고민 끝에 짧게나마 기록을 남긴다.

'평냉'의 '미래'라니. 한 치 앞을 내다볼 수 없는 현실에서 미래라는 단어를 꺼내는 것조차 너무나 거창하게 다가온다. 하지만 곰곰이 생각해보면 별 게 아니다. 오늘의 미래는 바로 내일이다. 한없이 무겁고 또 멀 수도 있지만 미래는 아주 가까이, 바로 저 코앞에서 이미 우리를 기다리고 있다. 그런 차원에서 평양냉면을 조금씩 개선하려는 시각과 시도에 대한 고민이 필요하다. 한식, 특히 외식 문법으로서 한식은 아직 체계가 잡히지 않았다. 눈에 보이지 않는 추상적인 요소로서 맛은 차치하더라도, 음식이라는 경험의 큰 그림을 들여다보면 개선의 여지는 여전히 많다. 40여 군데 냉면집을 장기간 취재하면서 발견한 공통적인 문제점, 달리 말하면 개선 가능한 지점을 정리해보자.

1. 공동 수저 및 양념통: 평양냉면은 단일 메뉴로서 가장 비싼 축에 속하는 한식이다. 그렇다면 이제 공동 수저통과는 작별을 고할 때가 되었다. 손잡이의 단면이 둥글거나 납작한 한식의 숟가락과 젓가락을 한꺼번에 담아놓으면 자기 몫만 집어 들기가 어렵다. 따라서 여러 짝을 죄다 만지게 되니 위생과는 거리가 멀다. 공동 수저는 '나눠 먹는' 한식의 반찬 문화와도 상관이 없는, 노동력의 외주임을 자각하고 개선해야 할 때이다. 책에 실린 서른한 곳 가운데 개별 수저를 주문 이후에 제공하는 곳은 우래옥과 벽제갈비, 능라도, 광화문국밥 등 극히 일부이다. 빠른 개선을

촉구한다.

한편 양념통도 일부 개선이 필요하다. 특히 겨자에 고민이 필요하다. 식초와 겨자는 냉면의 부가적인 맛내기 요소로 문법처럼 굳어져 있는데, 현재의 흔한 제공 방법은 약간의 딜레마를 품고 있다. 점성을 지닌 겨자의 경우 짤 수 있는 플라스틱 용기가 훨씬 덜 고급스럽다. 그러나 그 대안으로 사기 그릇에 담아 별도의 숟가락을 두면, 먹는 이가 생각없이 겨자용 숟가락을 자신이 먹던 냉면에 담갔다가 다시 통에 넣는 식의 일도 벌어진다.(물론 목격담이다.) 간을 맞춘다고 먹던 숟가락으로 퍼내는 탕반집의 공용 소금처럼 고민과 개선이 당장 필요한 요소이다.

2. 스테인리스 주발: 가볍고 잘 깨지거나 찌그러지지 않으며 일정 수준 청량감도 머금고 있다. 하지만 인정해야 한다. 이제 스테인리스 식기의 시대는 끝났다. 고급 한식이라면 더더욱 그렇다. 평양냉면은 물론 고급 한식에 속한다. 게다가 먼 옛날처럼 머리에 이고 배달하는 것도 아니다. 따라서 스테인리스 식기의 시대와 유연하게 작별을 고할 방안을 대부분의 평양냉면 전문점이 고민해야 할 때다. 공동 수저와 함께 음식의 격을 낮추는 스테인리스 주발이, 매년 여름이면 불거져 나오는 '서민 음식으로는

너무 비싼 평양냉면'이라는 매체의 문제제기를 부추기는 것은 아닐까?

3. 계란: 전작 『한식의 품격』에서 충분히 다루었으므로 이 책에서는 동어반복을 피할 생각이었다. 그러나 서른 곳이 넘는 음식점의 냉면을 한꺼번에 좌표에 올려놓자 계란만큼 두드러지는 허물이 없다. 조리 상태도 바람직하지 않았지만 올리지 말아야 할 상태의 계란도 흔했다. 표면에 상처가 나 있거나 '밑 장이 빠진', 즉 노른자가 계란의 중심에서 아래로 밀려나다 못해 흰자가 거의 남아 있지 않은 상태의 것들 말이다. 누군가는 '입에 들어가면 다 똑같다'고 말할 수도 있지만 단일 메뉴로서 높은 가격을 형성한 평양냉면의 품격과는 맞지 않는다. 지단을 올리는 몇몇 냉면을 높이 평가한다. 또한 계란을 삶아 한 개씩 껍질을 벗기기보다 지단을 만들기 위해 전부를 한꺼번에 익히는 조리법이 처음에는 어색할 수 있지만, 궁극적으로는 노동력과 예산을 절감할 수 있다. 그렇다고 모든 냉면집이 방향을 틀어 지단을 올려야 한다고 생각하지는 않는다. 좀 더 거슬러 올라가 재고해볼 필요가 있다. 왜 굳이 계란을 올려야 하는가? 앞서도 몇 번 써먹은 표현이지만 혹시 '체면치레'는 아닐까? 고기보다 저렴한 단백질로서

말이다. 현재의 질기고 냄새나는 상태를 감안하면 계란은 아예 빠져도 무방하다고 본다. 계란이 귀한 시대는 지나지 않았던가.

4. 제복과 위계: 평양냉면 혹은 이북 음식 전문점의 여건은 일반적인 한식에 비해 좀 더 체계적이다. 접객 자체도 그렇지만 직원들이 제복을 갖춰 입고, 앞치마나 머릿수건을 두르는 경우도 흔하다. 그런데 흥미로운 현상이 눈에 들어왔다. 몇몇 음식점에서 여성 접객원은 제복이며 머릿수건을 갖추더라도 남성 직원 혹은 운영자는 평상복 차림을 고수한다. 이를 어떻게 받아들여야 할까? 위계 자체가 굳이 드러나야 할 이유도 없지만, 설사 '관리직'을 구분할 의도이더라도 모두가 일정 수준의 복장 규율을 준수하는 게 더 전문적으로 보이지 않을까? 성별과 관계없이 관리자만 사복 차림인 경우는 사실 비일비재하다. 특히 소유주와 그 가족이 평상복을 고수하는 것이 일반적인 패턴인데 좀 더 '프로페셔널'해 보일 필요가 있다. 어쨌든 평양냉면은 한국에서 가장 오래, 대를 이어 존재하는 전통 음식이 아닌가.

5. 좌식의 극복: 장충동 평양면옥은 최근 좌식 공간을 입식으로 전환했다. 그 시도를 높이 산다. 비단 평양냉면 혹은 이북 음식 전문점만의 과제는 아니지만, 고급 한식의 지위를 누리는

평양냉면이 좌식의 극복에 좀 더 적극적으로 나설 필요가 있다. 무엇보다 좌식 공간은 장애인의 접근이 어렵다. 이 책에서는 같은 자리에서 긴 세월 영업해온, 일종의 특수성을 띤 공간이 많아 평가 항목에 포함시키지 않았지만, 《올리브 매거진》에 연재했던 '레스토랑 리뷰'에서는 장애인의 접근 가능성 및 용이성을 꼭 따졌다. 모델로 삼은 《뉴욕타임스》의 레스토랑 리뷰가 살피는 가치이기도 했지만, 그와 별개로 한국도 이에 대해 좀 더 적극적으로 고민해야 한다고 믿기 때문이다. 전통의 한 축을 확실히 맡고 있는 평양냉면 혹은 이북 음식 전문점이 장애인 인권 및 식사 환경에 더 많은 관심을 가져주기를 촉구한다.

부록

평양냉면 맛 지도

평양냉면 리뷰 노트

평양냉면 맛 지도

평양냉면 리뷰 노트

항목별 체크리스트

1. 면

- 젓가락으로 풀어 집어 올리면, 덩어리 전체가 아닌 일부 가닥만이 딸려 오는가?
- 그 과정에서 저항이 큰가?(설마 가위가 필요한가?)
- 생기를 지니고 있지만 꼬들거리거나 딱딱하지는 않은가?
- 입에 넣었을 때 이로 힘을 주어 끊어야 하는가?
- 한 그릇을 다 비울 때까지 완전히 풀어지지 않고 처음과 비슷한 저항을 유지하는가?
- 국물과 상관없이 차가움을 품고 있는가?
- 또렷한 고소함을 지니고 있는가?

2. 국물

- 지나치게 탁하거나 뿌옇지 않은가?
- 감칠맛과 짠맛이 균형을 이루고 있는가?
- 감칠맛과 짠맛이 지나간 뒤에 불쾌한 뒷맛이 남지는 않는가?
- 단맛은 존재하는가? 그렇다면 얼마나 두드러지는가?
- 맛을 감안할 때 온도는 적합한가? 너무 차가워서 맛이 제대로 안 느껴지거나, 반대로 너무 미지근해서 잡맛이 피어오르지는 않는가?

3. 고명·반찬

- 면과 국물에 의미 있는 질감의 변화를 부여하는가?
- 고기가 지나치게 뻣뻣하거나 결대로 부서지지는 않는가?

- 채소를 절이거나 무쳐 맛을 들였는가? 채소의 아삭거림이 일정 수준 살아 있는가?
- 채소를 무쳤다면 식초의 신맛이 냉면의 표정에 방해가 되지는 않는가?
- 계란은 최소한 노른자의 표면이 변색되지는 않았는가?

4. 접객·환경

- 대기해야 할 경우 최소한의 질서를 유지하는가?
- 주문과 정리 정돈이 신속한가?
- 음식물에서 이물질이 나오는 등의 문제가 생겼을 때 어떻게 대처하는가?(사과, 환불 등)
- 공용 수저통을 쓰는가?
- 직원은 제복을 갖춰 입었는가?
- 화장실은 깨끗한가?
- 좌식인가?

5. 총평

- 나는 이 한 사발의 냉면을:

  ―먹는 꿈마저 꾼다.

  ―언제라도 먹을 수 있다.

  ―최선은 아니지만 차선으로서는 충분하다.

  ―한 번 먹었으니 됐다.

  ―한 번도 고통이었다.

날짜   **상호**

                          메뉴

평가

면   😊😊😊😊😊

국물   😊😊😊😊😊

고명·반찬 😊😊😊😊😊

접객·환경 😊😊😊😊😊

총평   😊😊😊😊😊

날짜		상호	
		메뉴	

평가

면 　🍜🍜🍜🍜🍜

국물 　🍜🍜🍜🍜🍜

고명·반찬 　🍜🍜🍜🍜🍜

접객·환경 　🍜🍜🍜🍜🍜

총평 　🍜🍜🍜🍜🍜

날짜	상호
	메뉴

평가

면 ♥♥♥♥♥

국물 ♥♥♥♥♥

고명·반찬 ♥♥♥♥♥

접객·환경 ♥♥♥♥♥

총평 ♥♥♥♥♥

날짜	상호
	메뉴

평가

면 ♡♡♡♡♡

국물 ♡♡♡♡♡

고명·반찬 ♡♡♡♡♡

접객·환경 ♡♡♡♡♡

총평 ♡♡♡♡♡

날짜		상호	
		메뉴	

평가

면 　😋😋😋😋😋

국물 　😋😋😋😋😋

고명·반찬 　😋😋😋😋😋

접객·환경 　😋😋😋😋😋

총평 　😋😋😋😋😋

날짜		상호	
		메뉴	

평가

면　○○○○○

국물　○○○○○

고명·반찬　○○○○○

접객·환경　○○○○○

총평　○○○○○

날짜		상호
		메뉴

평가

면 　😋😋😋😋😋

국물 　😋😋😋😋😋

고명·반찬 😋😋😋😋😋

접객·환경 😋😋😋😋😋

총평 　😋😋😋😋😋

날짜		상호
		메뉴

평가

면 ♡♡♡♡♡

국물 ♡♡♡♡♡

고명·반찬 ♡♡♡♡♡

접객·환경 ♡♡♡♡♡

총평 ♡♡♡♡♡

냉면의 품격

맛의 원리로 안내하는 동시대 평양냉면 가이드

1판 1쇄 찍음 2018년 6월 8일
1판 1쇄 펴냄 2018년 6월 15일

지은이 이용재
펴낸이 박상준
펴낸곳 반비

출판등록 1997. 3. 24.(제16-1444호)
(우)06027 서울특별시 강남구 도산대로1길 62
대표전화 515-2000, 팩시밀리 515-2007

글 ⓒ 이용재, 2018. Printed in Korea.

ISBN 979-11-89198-12-1 (03590)

반비는 민음사출판그룹의 인문·교양 브랜드입니다.